JN220280

Design Sprint

［デザインスプリント］

プロダクトを成功に導く短期集中実践ガイド

Richard Banfield
C.Todd Lombardo 著
Trace Wax

安藤幸央
佐藤伸哉 監訳
牧野 聡 訳

design sprint

A Practical Guidebook for Building Great Digital Products

Richard Banfield, C. Todd Lombardo, and Trace Wax

本書で解説されているデザインスプリントは、Googleで生まれて以来数々の奇跡を起こしてきました。
1週間でプロダクトのコンセプトを試作し検証できるというすばらしい能力は、あらゆる規模のあらゆるチームに適用できます。
本書はデザインスプリントの方法を学ぶためのすばらしい情報源です。

— **Scott Jenson**
Google プロダクトリード

すべての新人UXデザイナーにこの『Design Sprint』を配りたいと思います。
もちろん、自分用にも1冊とっておきます。デザイン思考から最大限の成果を得るための方法と、
なぜその方法が必要なのかが解説された、すばらしいリファレンスでありアイデアの源です。

— **Cindy Alvarez**
Microsoft UX ディレクター、『Lean Customer Development Building Products Your Customers Will Buy』著者

BanfieldとLombardo、そしてWaxは『Design Sprint』で、21世紀の知的なプロダクトデザインの設計図を提示しました。
彼ら3人組は、革新的なデザインの工程を明らかにしています。
この本では、どんな規模の組織でもデザインを迅速に行えるようになり、しかも失敗の可能性を軽減できます。
本書はスタートアップのためだけの書籍でもなく、フォーチュン500位の大企業だけを対象にしているわけでもありません。
プロダクトの改善を志す、すべての企業にとって、本書は役立つでしょう。
つまりは、『Design Sprint』はデジタルなプロダクトに関わるすべての人々にとって必携の書籍です。
あなたの競争相手もきっと、本書を手に入れるはずです。

— **Andy Miller**
Constant Contact イノベーションアーキテクト主任

私は『Design Sprint』で紹介された手法をとても気に入っています。
さまざまなテクニックを、簡潔かつ実践的にひも解いて説明しています。

— **Josh Seiden**
『Lean UX ——リーン思考によるユーザエクスペリエンス・デザイン』共著者

加速を続けるイノベーションに追従していくためには、プロダクトを開発し成功を収めるための考え方を改める必要があります。
そのための答えは本書『Design Sprint』にあります。この本では、効率や有効性そして組織への導入について紹介されています。

— **Keith Hopper**
オーリン工科大学アントレプレナーシップ 講師

プロダクトに関するイノベーションで成功を収めるには、企業内の部門を横断したコラボレーションが欠かせません。
プロダクトやプロセス、チームあるいは組織のいずれにとっても、デザインとは複数の機能にまたがる中心となる活動です。
本書『Design Sprint』は、デザインの原則の構成要素を幅広い現場の人々（デザイナーとは限りません）に示します。
明確で順を追った解説はデザイナー以外の読者のみなさんにとっても飽きさせることはなく、逆に参加したり関与したくなるでしょう。
本書のすべての内容が、よりよいプロダクトやチームの構築に役立つでしょう。

— **Jeff Gothelf**
『Lean UX —— リーン思考によるユーザエクスペリエンス・デザイン』著者

市場に出されるタイミングは、デジタルプロダクトの成功にとって必須の要件です。
デザインスプリントを行えば、より迅速に正しいデザインへと到達できるでしょう。
本書では、チームの仕事にデザインスプリントを取り入れてそのメリットを享受するために、明確で実践しやすい手法が示されています。

— **Jorge Arango**
Futuredraft パートナー

知見と方向性そして手法の解説が詰め込まれた、夢のような1冊です。
デザインスプリントへの旅にとって、究極の伴侶になるでしょう。初学者と上級者のどちらにとっても必読です。

— **Paul Brown**
Rokket Digital CEO

デザインの手法に新たなツールを加えたい人も、プロダクトを迅速に改善したいという人も、
今すぐ書店に走って『Design Sprint』を1冊買い求めましょう。

— **Dan Saffer**
『マイクロインタラクション —— UI/UX デザインの神が宿る細部』著者

最低限の機能を持ったプロダクトを越えて先に進もうと苦闘するソフトウェアのスタートアップ企業に、
デザインスプリントは確立された手法を提供してくれます。
顧客指向の視点を養うとともに、ビジネスの成功を妨げる課題に取り組む画期的なソリューションを提供できるようになるでしょう。
実際に、デザインスプリントは我々Faze1のビジネスの方向性を劇的に革新しました。
多くの組織でも、我々と同様の変革がきっと起こるでしょう。

— **Marc Guy**
Faze1 CEO

目次

推薦の言葉

デザインスプリントの重要性

近年、ビジネスのスピードが加速していると誰もが感じています。数年の間に、すべての業界で破壊的な変化が起こるという認識は皆の一致するところです。競争相手に対して長期的に優位性を築くためには、継続したイノベーションが必要です。

今日のあらゆるものがつながった世界では、イノベーションとは単に新しいプロダクトやサービスを作り出すことではありません。イノベーションとは、新しいビジネスモデルを作り出すことでもあります。多くの場合、従来とは異なる組織作りや、新しい組織の仕組みを作る方法が必要となります。
しかし現在の組織のほとんどは、継続的なイノベーションを意識して作られたわけではありません。たまたまイノベーションが起こったとしても、そのペースはゆっくりとしたものです。本業以外に割ける余裕が減る中で、イノベーションを担当するチームは限られたリソースのやりくりを強いられています。また、組織のメンバーの多くは既存のビジネスモデルやアイデアにしばられています。組織の立ち居振る舞いは骨の髄まで習慣づけられており、現在の考え方を放棄させたり新しいアイデアを想像させたりするのは困難です。新しいビジネスやプロダクト、あるいはサービスを立ち上げる際には、彼らを納得させ、新しい働き方に対して主体的に取り組んでもらわなければなりません。そこではさまざまな問題の発生が予想されます。

デザインスプリントはエキサイティングで新しいアプローチです。新しいアイデアに沿って人々の考え方を統一し、自ら関わるようにし、高品質なプロトタイプを迅速かつ効率的に生み出します。
デザインスプリントがこのような効果を生み出せるのは、多くの人々をデザインの工程に取り込んでいるからです。彼らは共同作業を通じて、新しいプロダクトやプロトタイプを作り出します。開発のプロセスに参加させれば、人は積極的に関与するようになります。
また、デザインスプリントでの迅速さや効率は時間を区切ることで生まれます。時間を区切るおかげで、参加者は雑念を減らし、意識を集中して短期間で目を見張るような結果を生み出せます。
デザインスプリントは品質の向上にも貢献します。組織内から広く参加者を集めるため、例えば会社の経営陣や事業責任者もデザインを実現する上での課題を理解できます。

イノベーションに対して真剣に取り組む組織にとって、デザインスプリントは重要で新しいアプローチであり、必須の技能になるでしょう。読者のみなさんがいま手にしている本書は、この分野の先駆者によって執筆されました。デザインスプリントで成功を収めるまでの道程を、着実にガイドしてくれるでしょう。
お楽しみに！

— **Dave Gray**
『ゲームストーミング』共著者、XPLANE創業者
2015年5月12日、ミズーリ州セントルイスにて

REPEAT
BRAND
STAGES
DISCOVERY
SIGN-UP
ACTIONS
MENTAL STATE
CHALLENGES

本書はあなたのためのものです

読者のみなさんは組織の中で、プロダクトに関わる業務に従事しているでしょうか。部下はいますか。あるいは、皆さんが属する部署には50人もの参加者がいるかもしれませんね。皆さんはプロダクト全体に責任を負っているでしょうか。もしかしたら、デザインやマーケティングあるいは営業のチームと直接のつながりはないかもしれません。それともこういった分担が何もないようなスタートアップ企業で、さまざまな役割を1人でこなしているのでしょうか。あるいは大企業で、それぞれの役割が詳しく決まっているのでしょうか。プロダクトデザインにフリーランスの立場で携わっているのかもしれません。広告代理店でコンサルタントを務めているのかもしれません。デザインスプリントのプロセスに関するブログ記事を読んだことはあるのでしょうか。実際に自分で試してみたことはありますか。たぶん皆さんはデザインスプリントが自らのニーズにマッチするかどうか不安に思い、より多くの情報を求めていることでしょう。

以上の中にひとつでも当てはまるものがあれば、本書はあなたのための書籍です。

WELCOME

はじめに

我々が本書を執筆した理由は3つあります。簡単に言うと、次の3つをめざしています。

- 価値を生まないプロダクトを減らす
- さまざまな企業で利用可能な、実践的なプロダクトデザインや開発プロセスを提供する
- デザインスプリントを多くの人々に広める

我々がデザインスプリントのプロセスを気に入っているのは、だいたいどんなプロダクトでも1週間前後でプロトタイプの作成と検証を行えるからです。しかもその方法はとてもシンプルです。

多くのプロダクトチームと同様に、我々も市場に合わなかったプロダクトを大量に目にしてきました。欲しい人のいないプロダクトは資金や労力を浪費するだけでなく、何よりも貴重な時間を無駄にします。多くのスタートアップ企業にとって、プロダクトを迅速に市場へと提供できるかどうかは生死の分かれ目です。そしてどんな企業でも、正しいアイデアを実現するための人材と予算を確保することは重要です。顧客が望んでいないようなプロダクトを提供してしまうことは、避けなければなりません。また、単に時間や資金を確保すればよいわけではないこともしばしばあります。大きな組織には自分の目標だけを追い求める人もおり、そういった人との政治的駆け引きも求められます。

コストをコントロールし、誤った方向に進んでしまわないようにし、さらに人との摩擦を起こさないようなプロセスはあるのでしょうか。混沌としたプロダクトデザインの世界で、このようなプロセスは夢物語のようにも思えます。

デジタルプロダクトが登場したのは、ほんの20年から30年前のことですが、今日では情報をやり取りする上で欠かせない手段となっています。本書の執筆時点では、1日当たり500以上もの新しいアプリが公開されています。この数字には、アプリに関係する物理的なプロダクトやサービスは含まれていません。このようなとても多くのプロダクトを作るために費やされた労力や時間を知るのは難しいことですし、ましてや無駄になった時間や費用を知るのは無理なことです。

デジタルプロダクトは物理的なプロダクトよりも作りやすいと思われるかもしれません。CEOや創業者にとっては、物理的なプロダクトよりデジタルプロダクトのほうが投資の回収が難しいとは信じられないでしょう。彼らはデジタルプロダクトを作るほうがはるかに容易だと思っています。高価で失敗のきかない金型を作る必要も、中国の工場担当者に会いに行く必要もなく、面倒な作業などひとつもないと思われがちです。確かに、デジタルプロダクトは比較的安価に手っ取り早く作れます。しかし、適切なプロダクトを生み出し市場を勝ち抜くことは、年々難しく、辛いものになってきています。なぜなら、デジタルプロダクトにとってキーとなるのは見た目のグラフィックやプログラムうんぬんではなく、人と時間そしてその製作プロセスだからです。そして人は、常に扱いづらいものです。

プロダクトリーダーにとって、時間が足りなければ夜遅くまで作業せざるを得ず、時間があればあったでやはり多くの作業を強いられます。これまでに800以上のデジタルプロダクトを扱ってきた我々は、その苦悩を理解しています。

本書はデジタルプロダクトのデザイン面での現実に目を向け、デザインスプリントの原則とテクニックを実践する上で、実用的なガイドとなることをめざします。完全なプロダクトを作る方法などないことを認識し、杓子定規な解説は行いません。ただしどんな場合でも、繰り返し確立されたプロセスは場当たり的な作業よりも確実です。デジタルプロダクトに関わるほぼすべての人々が、得られた知識を実践できるようになることをめざしています。

本書のもう1つの特色は、デザインスプリントがどのように実世界へと当てはまるのかを解説しているという点です。状況を制御された環境や単なる事例研究とは異なり、現実は複雑です。嵐のような毎日の暮らしの中では、1週間ずっと何者にも邪魔されないなどといったことはあり得ません。会社の重役の注意を引くのは難しく、ターゲットとするユーザー層に適合する被験者を探すのも容易ではありません。このように面倒で複雑かつ混沌とした我々の世界のために、本書は執筆されました。

読者のみなさんのようにプロダクトに関わっている数十名の人々にインタビューし、デザインスプリントのさまざまな利用例を集めました。調べてみるとどの組織も、それぞれ異なるやり方でデザインスプリントを実践していました。
例えばGV（旧Google Ventures）では5日間のプロセスが勧められていますが、

Intrepid Pursuits[※1]でのデザインスプリントには4週間から6週間という時間がかけられています。**Fresh Tilled Soil**[※2]では最大2週間です。数時間でデザインスプリントを終わらせてしまう組織もありますが、短くすればよいというものでもありません。**Constant Contact**[※3]などの大きい企業では、デザインスプリントの期間はプロジェクトに応じて半日から9日間とさまざまです。デザインスプリントはフレームワークであり、ルールではありません。本書では読者のみなさんの固有のニーズに合わせて、デザインスプリントを適切に調整する方法もいくつか紹介します。

デザインスプリントは柔軟であり、よくあるデザインプロセスで見られる直感に頼った手法よりもはるかによい成果を得られます。筆者はこの直感に頼らない点をとても気に入っています。Upward LabsでCEOを務めるPatrick Solvabarroは、デザインスプリントを実践した後に「これは小さな科学実験のようだ」と述べました。とても適切な例えだと思います。科学的なプロセスは、頭の中のアイデア（仮説）に形を与えて具体化し、実世界の重圧に耐えるかをチェック（実験）してくれます。実験を通じて仮説を検証したり、うまく機能していない箇所を発見したりできます。

※1 **Intrepid Pursuits**：エンドツーエンドでのモバイルアプリ開発を得意とする。http://www.intrepid.io/
※2 **Fresh Tilled Soil**：デジタルプロダクトのデザイン戦略を手がける。http://www.freshtilledsoil.com/
※3 **Constant Contact**：オンラインマーケティング企業。https://www.constantcontact.com/

多くの偉大な科学者やアーティストそしてエンジニアが、図1.1の手順に従って作業を行ってきました。機械工学を専門とするノースウェスタン大学のE.E.Lewis名誉教授は、著書『Masterworks of Technology』の中で、科学と工学の組み合わせが21世紀のテクノロジー社会を形作るのだと述べました。多くの著名なイノベーターたちも、このサイクルにもとづいていたであろうと彼は推測しています※4。例えばガリレオは、実験を通じてアイデアの正当性を証明していました。よく知られている実験のひとつに、材質や重さが異なる2つのボールをピサの斜塔から落とすという実験があります。同時に着地したボールを見て、ガリレオは時間に関する従来の考え方を覆しました。また、エジソンは電球を発明する際に300種類以上のさまざまな素材を試したことが知られています。ピカソが大量の作品を残しているのは、さまざまな芸術的方向性のもとで常に実験を繰り返していたからです。

図1.1 **試行錯誤にもとづく手法（E.E.Lewisによる）**

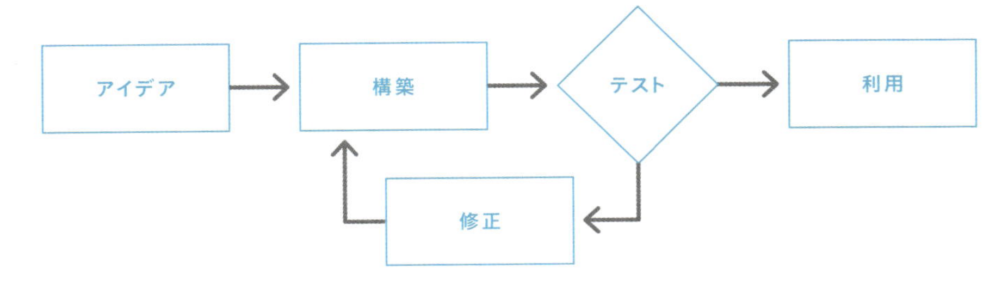

※4 E. E. Lewis『Masterworks of Technology：The Story of Creative Engineering, Architecture, and Design』（Prometheus Books、2004年）

プロダクトに関わるチームも、同じように繰り返し行動するべきだと我々は考えます。このようなプロセスを使っても失敗は防げませんが、いち早く失敗の原因を特定して次の障壁を突破する効果があります。誤りを防げるような手法はどこにもありません。誤りを完全になくすことも、我々はめざしていません。その代わりに、早い時点で誤りに気づくということがプロセスに組み込まれています。ほぼ即座に返されるフィードバックを通じて、我々は現在の方向性が失敗に向かうのかどうかを判定できます。失敗が予想される場合にも、より早く成功に達するであろう道筋を容易に発見できるようになります。数回は失敗することもあるかもしれませんが、すぐに再起でき、次の課題への挑戦を手助けしてくれます。

デザインスプリントは、デザインに関する複雑な要件を把握する際にも役立ちます。目標や課題をわかりやすい説明へと言い換えるとともに、有望なソリューションを実際に作り出すことができます。デザインスプリントによって、顧客のニーズや願望を本質的かつ目に見える形で表現できます。顧客にとってのストーリーと、現場の被験者からの感情を持ったフィードバックとを検証が結びつけます。その結果、今後のデザインや開発の作業を示すロードマップが作り出されるのです。

対象とする読者

CEOやスタートアップ企業の創業者、CTO、プロダクトマネージャー、プロダクトマネージメント担当の部長、リードデザイナーなどに対して我々はインタビューを行いました。そして彼らによるプロダクトデザインの作業サイクルの中で、何がうまく機能し、何が機能しなかったかを尋ねました。彼らは、どのようにチームを組織しメンバーのモチベーションを高めたかのを教えてくれました。それらのインタビューの中から我々は、世の中に2つとして同じデザインスプリントはないということを学びました。彼らがデザインスプリントのアプローチにもとづいてプロダクト開発を進めた時の経験を学べるよう、インタビューした皆さんの知見も本書に取り入れています。

経営陣や事業責任者ではない人々によってデザインスプリントが実施されていることもしばしばあります。CEOやCMO（Chief Marketing Officer：マーケティングの責任者）あるいは主要なステークホルダーに対して、最大5日もの間デザインスプリントに専念させてほしいと頼むには、にっこり笑ってお願いするだけではだめでしょう。デザインスプリントへのサポートを得るには、そのプロセスと価値についてしっかり知らせておくことが重要です。デザインスプリントがもたらす大きな価値は3つあります。プロダクトのコンセプトに関するチーム内での意思統一、消費される人や予算と時間の節減、そして顧客の視点からアイデアを検証できることです。デザインスプリントには、行動に拍車をかける本質的な特長があります。

筆者について

読者のみなさんについての説明が長くなってしまいました。C. Todd Lombardoは **XPLANE**[※5]でコンサルタントを務め、かつてプロダクトマネジメントの世界で長年実践してきたプロセスをデザイン指向の組織改革にも適用しています。また、彼はコンサルティング会社**CATALYTIC**[※6]も経営しています。以前はConstant ContactのSmall Business Innovation Loft（**InnoLoft**）[※7]で、3年間にわたってConstant Contact社内のチームとInnoLoftに入居しているスタートアップ企業の両方に対してデザインスプリントを行っていました。現在はFresh Tilled SoilでChief Design Strategistを務め、大小さまざまな企業でプロダクトの戦略にデザインスプリントを組み込むべく活躍しています。今までにいったい何回のデザインスプリントを行ってきたか数えられないほどです。

Richard Banfieldは熟練したデザイン戦略のチームを統率しており、Fresh Tilled Soilで顧客とともにデザインスプリントを実施しています。彼のチームの顧客には、IntelやStaplesといったフォーチュン500位の大企業も、ベンチャーキャピタルの出資を受けたスタートアップ企業や新興組織も含まれます。Fresh Tilled Soilでデザインや開発を担当するチームは、デザインスプリントの手法にもとづいて50回以上のデザインスプリントを行ってきました。

Trace Waxはthoughtbotのディレクターであり、ニューヨークオフィスでリーダーを務めています。プロダクトに関する多数のデザインスプリントについての企画、あるいはデザインスプリントに参加し、初期段階のプロジェクトに十分な確証を与えています。thoughtbotのデザイナーや開発者は合計数百回ものデザインスプリントを行ってきており、得られた知見をオープンソースのリポジトリとしてGitHubで公開しています[※8]。

※5 **XPLANE**：ビジュアルシンキングを中核スキルとするデザイン・コンサルタント企業。http://www.xplane.com/
※6 **CATALYTIC**：http://itscatalytic.com
※7 **InnoLoft**：スタートアップを支援するアクセラレータ組織。https://www.innoloft.io/
※8 「Product Design Sprint Material」https://github.com/thoughtbot/design-sprint

本書ができるまで

本書の執筆にもデザインスプリントが取り入れられています。限られた時間の中で、たくさんの複雑な課題を解く必要がありました。本書で説明しようとしているデザインスプリントというツールを本書の執筆にも利用した結果、ツールの長所と短所がよりはっきりしました。デザインスプリントでは数日間の集中した作業を通じてコンセプトを具体化しますが、本書も同じくらい高密度なデザインスプリントの日々から生まれました。

我々は当初、プロダクトに関わる人々はデザインスプリントのガイドブックを求めているという仮説を立てていました。同僚やパートナーあるいは顧客から不満の声が聞こえていたなら、この仮設も検討に値したかもしれません。しかし、我々は単なるガイドブックを作ることは望んでいません。デジタルプロダクトの管理やコンサルティングに関わる人々から、可能な限り多くの視野に立った意見を集めるよう努力しました。ここにはプロダクトマネージャー、プロダクトオーナーやデザイナー、CEO、CTO（Chief Technology Officer：最高技術責任者）、各部署の部長などが含まれます。4日間集中した執筆作業から、仲間と共有できるようなレベルの草稿ができ上がりました。読者のみなさんがいま目にしている本書は、この時の草稿を元にしています。

その後も我々は、レビューや修正とともにインタビューを続けました。そしてO'Reillyと契約を結び、我々の知識を広く世に伝えることができるようになりました。Richard BanfieldとC.Todd Lombardo、そして多忙なTrace Waxも何度かボストンに集まりました。我々は執筆し、食べ、飲み、執筆し、眠り、また執筆を繰り返しました。複数人での執筆作業をインターネット経由で行い、原稿を改良し、最終的な「本のデザインスプリント」の後に本書は完成しました。けれども、まだ本当の意味では完成していないのかもしれません。

本書の構成

本書は2つのパートに分かれています。最初の3章では基本的な事柄を扱います。背景となる情報や、デザインスプリントのメリットと制約を紹介します。また、我々や他者が実践しているデザインスプリントのさまざまな手法を明らかにし、読者のみなさんの組織にデザインスプリントを取り入れるための指針をいくつか解説します。以降の章はパート2に含まれ、デザインスプリントでの実際の手順を詳しく述べています。実施計画から実施やフォローアップに至るまでの重要なステップについて、それぞれの章で紹介します。

パート1には以下の章が含まれます。

Chapter 1　デザインスプリントとは

デザインスプリントに取りかかる前に、デザインスプリントとはそもそも何でありどこから生まれたのかを明らかにします。

Chapter 2　デザインスプリントを行うべき時と、そうでない時

デザインスプリントを行うべき理由と、行うべきではない事例を紹介します。

Chapter 3　デザインスプリントへのアプローチ

一般的な5日間のデザインスプリントとその変形版を紹介し、デザインスプリントのフレームワークが備える柔軟性について説明します。

パート2の内容は以下の通りです。

Chapter 4　デザインスプリントの前：計画

デザインスプリントのために必要な情報や参加者、開催する場所や期間を明らかにします。

➔Chapter 5 | フェーズ① | 理解

このフェーズでは、直面している課題を特定し明確化します。ユーザーにとっての背景やニーズそしてワークフローを知り、解決策を作成するための準備を行います。

➔Chapter 6 | フェーズ② | 発散

コラボレーションの一環として、ブレインストーミングや図の作成を行います。見つけた課題への解決策を探ります。

➔Chapter 7 | フェーズ③ | 決定

多数のアイデアの中から1つか2つのアイデアを選び出します。以降の検証などの作業は、選ばれたアイデアをもとに行われていきます。

➔Chapter 8 | フェーズ④ | プロトタイプ

解決策を具体化し、ユーザーに提示するための方法をいくつか紹介します。

➔Chapter 9 | フェーズ⑤ | テスト

ここで理論が実践に移されます。作成された解決策を、実際のユーザーに検証してもらいます。検証方法や、その結果を解釈する方法を示します。

➔Chapter 10 デザインスプリント終了後：記録、反復、そして継続

デザインスプリントの終了後にも行うべきことはあります。知見や成果を統合し、後に続くワークフロー（アジャイルやスクラムなど）やデザインの活動などにつなげます。

謝辞

O'Reillyのすべての皆様に感謝します。我々を1つのチームにしてくれたNick Lombardi、ひどい原稿を編集してくれたAngela Rufino、デザインのディレクションを行ったEdie Freedman、マーケティングに尽力したDellaena Maliszewskiには特に感謝します。

Keith Hopper、Scott Jenson、Harry Max、Joe McNeilそしてDan Safferは本書を査読し、本質を衝いたフィードバックを通じてコンテンツの質の向上に大きく貢献してくれました。

我々の仲間であるAlicia Chavero (h2i Institute) とSteven Fisher (NetApp) は、いくつかの章についてコメントしてくれました。

我々の所属先企業からも、大きなサポートをいただきました。特に、Fresh Tilled Soilのチームにはとても感謝します。Michael Connorsは本書のデザインのモックアップを作成し、C. Todd Lombardoの表紙に関するさまざまな注文に対処してくれました。Mark Grambauは素敵な図を作成し、Chris WilcoxとAlex Stetsonはマーケティングに才能を発揮してくれました。

Constant ContactのSmall Business Innovation Loftチームにも感謝します。C. Todd Lombardoの執筆をサポートしたAndy MillerとLaura Northridge、我々がNorthamptonで書き上げた初稿のレビューを助けてくれたInnovation CatalystのEthan Bagleyに感謝します。同じくInnovation CatalystのJill StarettとKayla Doanにデザインスプリントの指導を行えたのは光栄でした。JillとKaylaそしてEthanへの指導を通じて、デザインスプリントの方法論をさらに洗練することができました。なぜならそれは他人に何かを教える際には、その対象について隅々まで理解していなければならないためです。Constant ContactのUser Experienceチームでは、Damon Dimmockがデザインスプリントとアジャイルの統合に知見を示してくれました。Michael Kennedy、Cay Lodine、Tom Gallo、Sam RoachとScott Williamsは、数多くのデザインスプリントに参加してくれた有能なデザイナーであり研究者でもあります。Constant Contactの総務チームでは、Erika Towerが社外や投資家関係の業務の舵取り役を務めてくれました。そして実際の渉外業務はJason Fidlerの助けを得て行われました。そしてプロダクト担当部長のPiyum Samaraweeraと同担当のKen Surdanは、プロダクトのデザインと開発での新しいアプローチを進んで受け入れてくれました。

thoughtbotのデザインチームの全員が、デザインスプリントのコンセプトに賛同してくれたことにも感謝したいと思います。デザインスプリントを繰り返し、得られた知識を我々やコミュニティーと共有してくれました。我々のデザインスプリントのアプローチをブログで広めてくれたGalen Frechette、デザインスプリントのエッセンスをthoughtbotのplaybookで大きく紹介してくれたAlex Baldwin、最初に作られたアイデアが顧客の気に入らない場合の対処方法について例を示してくれたAndrew CohenとCorwin Harrellには特に感謝します。我々の方法論をまとめて無料で公開し、誰もが自らデザインスプリントを行えるようにしたKyle Fiedlerには特別の感謝を贈りたいと思います。ストーリーや資料を我々と共有した顧客の皆様にも感謝します。中でもCharacter Labは、適切なデザインスプリントによって大きな成功を勝ち取りました。

忙しい時間を割いてインタビューに応じ、自らの経験を共有させてくださった以下の皆様にも深く感謝します。

- Matt Bridges [Intrepid]
- Heather Abbott [Nasdaq]
- Steve Fisher [NetApp]
- Patrick Solvabarro [Upward Labs]
- Marc Guy [Faze-1]
- Scott Jangro [Shareist]
- Damon Dimmick [Constant Contact]
- Brian Colcord [LogMeIn]
- Dana Mitroff-Silvers
- Karen CrossおよびJurgen Spangl [Atlassian]
- Larissa Chavarria [The Advisory Board]
- 山岡 理恵
- Alex Britez [Macmillan Education]
- Dan Ramsden [BBC]
- Alok Jain [3 Pillar Global]
- Seth Godin
- Ben Ronning [Tradecraft]
- Andrew McCarthy [Red Radix]
- Alan Klement [ReWired]
- Alex Nemeroff [Dynamo]
- Ariadna Font Llitjos [IBM]

我々の家族やパートナーからの愛情とサポートを得て、本書は生み出されました。心から感謝します。
そして最後に、「アカデミックの世界」に感謝したいと思います。「アカデミックの世界」とは何であり誰のことかはわからないですが、いつも感謝しています。「アカデミックの世界」のみなさん、ありがとう!

デザインスプリントとは
何であり、
なぜ存在するのか

パート1では、デザインスプリントの概要を紹介し、従来のアプローチが今日のプロダクトデザインに適合しなくなってきた理由を明らかにします。既存のデザインの手法が直面している問題を列挙し、デザインスプリントと比較します。万能なデザイン手法は存在しませんが、デザインスプリントは多くのプロジェクトのニーズに適合します。特に、読者のみなさんやみなさんのチームが現在のプロジェクトにデザインスプリントを適用し、前向きな成果を得るための方法を解説します。デザインスプリントの柔軟なアプローチが生産性を上げてリスクを軽減したという、先端を行くデザイナーによる体験談も紹介します。

この章を読み終えると、デザインスプリントという比較的新しい手法の全体像が明らかになり、なぜデザインスプリントがうまくいくのかが理解できるでしょう。

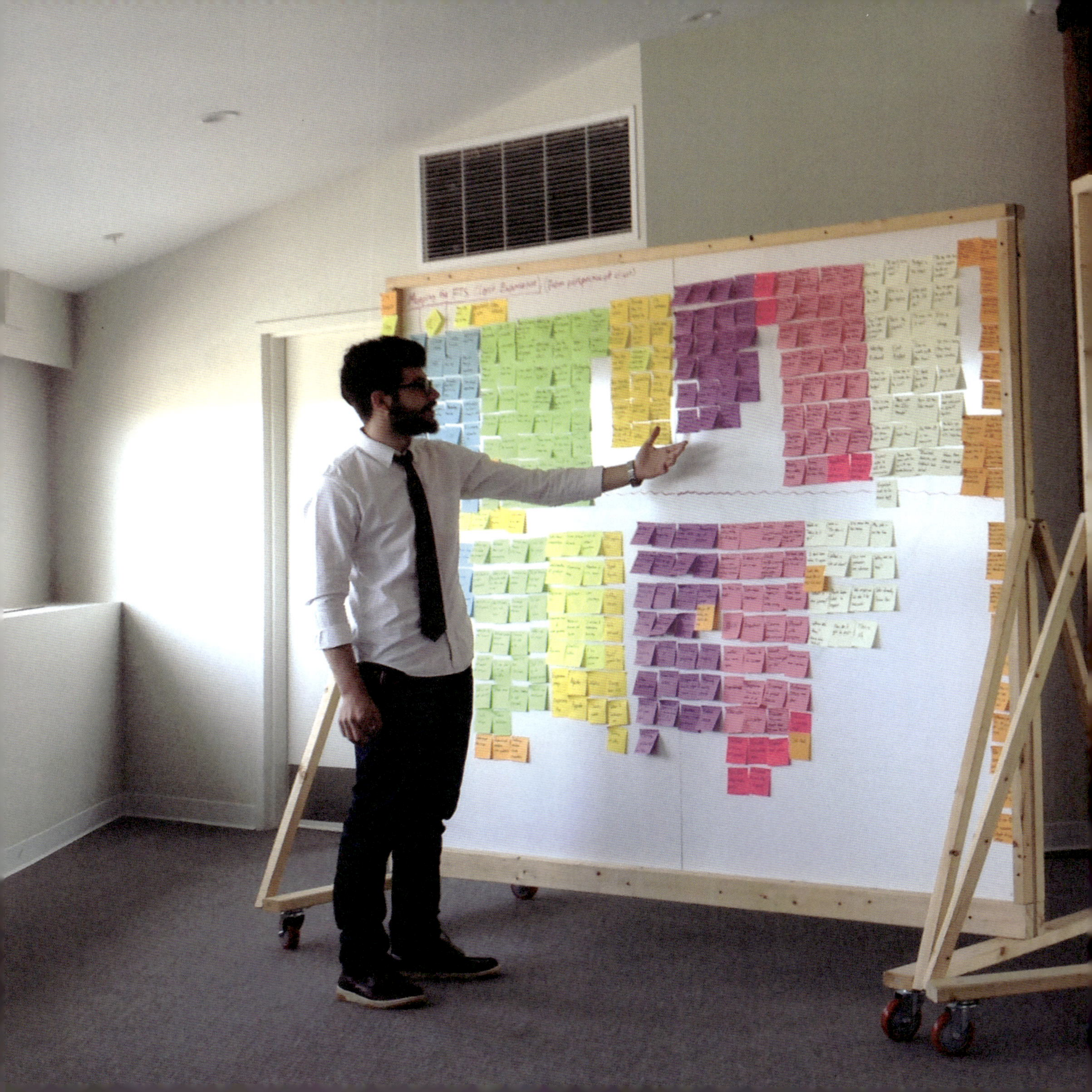

DO OUR CURRENT
FOR A UK-
BASED PARTNER GROUP?
HOW CAN WE CREATE
· EFFECTIVE,
· RELEVANT,
· ENGAGING
ENABLEMENT MATERIALS THAT
OUR PARTNERS WILL ACTUALLY

Chapter 1

デザインスプリントとは

デザインスプリントとは、プロダクトデザインのための柔軟なフレームワークです。人々が望んでいるものを作り出す確率を高める効果があります。小さなチームで集中的に作業を行い、その成果からプロダクトやサービスの方針を定めることができます。デザインのプロセスと科学的手法をアジャイルの思想でくるんだものが、デザインスプリントです。

デザインスプリントは5つのフェーズから構成されており、以下の手順で実施します。

準備：デザインスプリントの準備をする
| フェーズ① | **理解**：背景やユーザーインサイト（本音）を確認する
| フェーズ② | **発散**：何が可能なのか、ブレインストーミングをする
| フェーズ③ | **決定**：解決策を評価して1つ選ぶ
| フェーズ④ | **プロトタイプ**：最少限の機能で実行可能なコンセプトモックを作る
| フェーズ⑤ | **テスト**：ユーザーにとって何が効果的なのかを観察する
そして終了後：デザインスプリントをもう1度行う。または、スクラムや継続的デリバリー、エクストリームプログラミングなどのリーンでアジャイルな開発プロセスに移行する

デザインスプリントを行うと、それ以降に起こるであろう失敗のリスクを軽減できます。また、ビジョンにもとづいたゴールが定義され、チームの参加者が成功の度合いを確認することができます。本書では、デジタルプロダクトを対象にして解説を進めます。その理由は筆者がこのデジタルプロダクトの分野で経験を積んでいるのが理由です。デザインスプリントはゲーム開発や建築設計を起源としており（http://alexbaldwin.com/qcon-2014/）、その他の多くの業界でも活用されています。

デザインスプリントの利用法

デザインスプリントはさまざまな段階で利用できます。まずはプロジェクトの進捗がどの段階にあるのかを確認しましょう。未知の事柄が大量にある初期段階でしょうか。それとも、プロダクトがマーケットに出てしばらく経っている成熟した段階でしょうか。

プロジェクトの初期段階でのデザインスプリント

プロセスを変えたり、プロダクトのコンセプトを刷新したいといった場合のきっかけとしてデザインスプリントを利用できます。独創的なコンセプトを実世界で検証する目標で可能性を探る際に、デザインスプリントがうまく機能します。例えば、若い親がオンラインでヘルスケア商品を購入する場合の傾向を知りたいといった具体的なケースが該当します。

プロジェクト中頃でのデザインスプリント

作業の進め方を新しくしたい場合にも、デザインスプリントを利用できます。既存のコンセプトを拡張したり、既存のプロダクトの新しい利用法を探求したりできます。例えば、我々とともにデザインスプリントに取り組んだある企業では、自らが扱っているマーケティングのデータを他の領域にも活用できるのではないかと考えていました。プロトタイプを作成することによって、アイデアの検証が可能になりました。そして新しい領域へのより大きな投資がなされ、最終的には売り上げが大幅に向上しました。

成熟したプロジェクトでのデザインスプリント

プロダクトが持つある1つの機能や、ある1つの部品といった単位でも、デザインスプリントを適用できます。その場合、デザイン中の特定の事柄に注目できるようになります。例えば、新規ユーザーを取り込む工程に改善できる点がないか検討しているとします。ユーザー取り込みのための新しい流入経路についてデザインスプリントを行い、メリットとデメリットを発見できます。そして、プロダクトの体験の中で効果が高い部分を細かく知ることができます。

どのような使い方でも、デザインスプリントはみなさんの目標となる道のりを明確にし、プロジェクトに弾みをつけてくれるでしょう。また、さまざまなプロダクトデザイン関連の新規プロジェクトでも、初期段階の検証にも役立ちます。

デザインスプリントの由来

デザインに対するさまざまな手法が進化して、デザインスプリントが生まれました。アジャイルやデザイン思考の普及に合わせて、これらをパッケージ化した手法としてデザインスプリントが行われるようになりました。

アジャイル

「スプリント」という言葉はアジャイルの世界から取り入れられました。「短距離走」という本来の意味が示す通り、スプリントとは特定の目標を達成するために確保された短い期間（通常は1週間から4週間）を指します。そしてデザインスプリントは、デザインのためのスプリントです。求められているデザイン思考について集中して作業するために、一定の時間が割かれます。時間を決めて作業するというのは、デザインスプリントの成功にとって必須の要件です。これは**タイムボクシング**[※1]とも呼ばれ、参加者に適切な行動をしてもらう効果があります。プロダクトのデザインと開発の工程が加速されるだけでなく、消費社会と人と人との共同作業を行う人間の本質的な特性が活かされています。

デザインシャレット

シャレット（charrette）または**デザインシャレット**[※2]という言葉はかつて、デザイナーたちが短期間に共同でデザイン作業を行うワークショップを指していました。スタンフォード大学のd.schoolから生まれたデザイン思考のフレームワークが、シャレットのコンセプトによって定義されました。工業デザインを行うIDEOなどの企業は、ディープダイブと呼ばれる短期間で繰り返すデザインセッションを定義しました。これはd.schoolが広めたシャレットのコンセプトにもとづいています。

IDEOによる、もっともよく知られているディープダイブの例は、ショッピングカートのコンセプトデザイン[※3]です。これは1999年に「ナイトライン」という報道番組で取

※1 **タイムボクシング**：待ち時間を細かく分割して少しづつ目標を達成していく時間制限の手法

※2 **デザインシャレット**：アーバンデザインや都市空間を設計する際のワークショップ手法。語源はフランス語の荷馬車（シャレット）。課題に追われる学生たちが、設計課題の締切になると荷馬車に図面を積み込んで学校に来ることから、短時間に駆け込む短期集中設計活動をこう呼ぶ

り上げられました。参加者たちはデザインに関する古い思い込みを捨て、研究チームを結成しました。そしてブレインストーミングや調査、プロトタイプの作成、ユーザーからのフィードバック調査などを行い、4日間でアイデアから実際に機能するものを作り上げました。期間を切り詰めることによって、デザイナーは背中に銃を突きつけられているような状態になり、より良い解決策を短期間で着想できるようになります。

デジタルプロダクトデザイン

アイデアを実世界で検証するための形式的なフレームワークは、工業デザインやソフトウェアデザインの分野から生まれ、デジタルプロダクトのデザインによって確立されました。いくつかの組織によって、類似の手順から構成される同様の工程を統一しようという試みが始まっています。

GV（旧Google Ventures）※4

ここ10年ほどの間には、個々の企業に特化した形のデザインスプリントが行われることもありました。デザインスプリントを世に広めたのは、GV（旧Google Ventures）のJake Knappによる功績です。

GVはスタートアップ企業に投資していますが、これらの企業がチームを編成するのに先立ってプロダクトデザインに関するアドバイスを求めてくることがあります。そこで、GVはスタートアップ企業にデザイナーを派遣して、1週間にわたって共同作業を行います。ここでのプロセスは5つのフェーズから構成され、それぞれが順に丸1日間ずつ行われます。この5つの手順構成や時間的制限の効果が実証され、デザインスプリントの誕生のきっかけになりました。

※3 「Shopping Cart Concept for IDEO」http://www.ideo.com/work/shopping-cart-concept
※4 **GV**：旧Google Inc.の経営企画部門（投資部門）が独立して出来たコーポーレートベンチャーキャピタル。2015年12月にGoogle VenturesからリブランドしてGVとなった

スタートアップ企業のために作られたが、大企業にも有用

スタートアップ企業にとってのデザインスプリント

誰もが知る通り、スタートアップ企業の環境はきわめて動きが早く、市場にプロダクトをリリースするまでの時間が何よりも重視されます。スピード至上主義は彼らにとっての武器であるのと同時に、真に有用なプロダクトを作るために必要な思考や検証の時間がないがしろにされるリスクも抱えています。実際、あまりにも多くのプロダクトが、顧客による検証を経ずに市場へと送り出されています。市場へリリースするスピードを保ったままで、調査やデザイン思考のプロセスをきちんと行うことは可能なのでしょうか。Constant Contactの**InnoLoft**[※5]に参加した多くのスタートアップ企業は、そこで行われたさまざまな活動の中でもデザインスプリントは特に有益だったと感想を述べています。

大企業にとってのデザインスプリント

すでに確立された企業内の手続きを持つ大企業も、デザインスプリントを活用することができます。プロダクトのデザインや開発が促進され、動きの早いスタートアップ企業のようにふるまえる効果が見込まれます。加速されたデザインスプリントでの作業は大企業に優位性を与えるとともに、プロダクトに関するアイデアやコンセプトを探求する際の人や予算と時間の消費を減らしてくれます。3ヶ月から5ヶ月を費やして結局何もしない方がいいという結論に達するよりは、3日から5日でそのアイデアを探求する価値があるかどうかを判定するほうが優れています。

どんなプロダクトでも、あるいはその個別の機能についても、検証が可能です。検証は自ら行ってもいいですし、市場に委ねてもかまいません。コストの低いほうを選べばよいでしょう。

※5 **InnoLoft**：スタートアップを支援するアクセラレータ組織。https://www.innoloft.io/

成功＝節約した時間とお金＋驚き

デザインスプリントの成否の程度を測る手法は複数あります。ある組織での成功の基準が、別の組織でも適するとは限りません。我々が利用してきたいくつかの手法を紹介します。

失敗を防ぐという成功

測定できないものを変革しても、その効果を知ることはできません。我々が社内でデザインスプリントを行った際に、最初に直面した大きな課題が「デザインスプリントの成功の度合いを判定するにはどうすればよいか」というものでした。経験上、何かがどの程度無くなったのかを測定することがよく行われました。例えば、できの悪いプロダクトの開発に費やさなくて済んだ時間や、投資対効果の低いプロダクトへの投資の回避によって節約された金額などを測定することが考えられます。このような時間やお金の算出はなかなか困難ですが、これらの数字は将来の利得と関連づけられています。どのようにしたら「失敗したプロダクトがないこと」を測定できるのでしょうか。

「時間やお金をお金を浪費していてはいけません。とりあえず何かを作り、数千ドル（約数十万円）も投資しては大失敗に終わるといったケースをよく見ます。そこでは検証も、エンドユーザーとの共同調査も行われません」とDana Mitrof-Silversは述べています。彼女はデザイン思考のコンサルタントで、インディアナポリス美術館やデンバー自然科学博物館をはじめとする多くの非営利団体を顧客として抱えています。彼女がデザインスプリントを評価する際には、そこで生まれたアイデアを基準にしています。「アイデア自体の数は問題ではありません。ほとんどの組織ではアイデア過多の状態です。問題なのは、アイデアの検証や実行が伴わないことです」。

検証のタイミング

多くの場合、デザインスプリントを行うと、ユーザーによる初期の検証を経た何かが生まれます。そこで、次に行うべきことも決まります。検証を早期に行えば、可能な限りリスクを軽減でき、素早く次のステップの作業に進めます。**Character Lab**[※6]はこの考えにもとづき、thoughtbotとともにデザインスプリントを行いました。さまざまな教育分野の非営利団体からの関係者が、どんなアプリを作

※6 **Character Lab**：https://characterlab.org/character-growth-card

成するべきかについてわずか1週間で合意に達しました。これは企業からすると驚くべきスピードです。
教師と生徒はプロトタイプを目にして興奮し、実際に利用できるようになるのが待ちきれない様子でした。作成するべきものが明確で、邪魔を受けずに素早く進めることができました。素早く作れるという性質は、アプリの規模や非営利団体での少ない予算を考えると非常に重要でした。

検証で発見される修正点

プロダクトに対して明確な変更が必要になる問題が発生することもあります。このような場合には、問題を修正するための追加の調査を行います。thoughtbotが**Tile**※7に対してデザインスプリントを行い、モバイルアプリのデザインを最適化しようとした時のことです。ここでは、ユーザーが鍵と一緒に持ち歩くタグ状のデバイスを発見しやすくすることが目標でした。デザインスプリントの後に、得られた知見にもとづいて調査が追加で行われました。数週間の調査で、デバイス上でビープ音を発生させると他の方法よりも約3倍早く鍵を発見できるということがわかりました。

検証に失敗した場合

デザインスプリントを行えば、たとえ顧客が正しいと言ったことでもそれが間違っていると分かれば止めることができます。Advisory Board CompanyのLarissa Levineによると、デザインスプリントの成功は正しい機能の作成へと導けるかどうかにかかっています。彼女は以下のように語っています。

> ── マーケティング担当の人々は、「ユーザーがXYZという機能を望んでいるので、XYZを追加しよう」とよく言います。しかし、実際のところユーザーにとってはXYZがなくてもまったく問題ないことがあります。マーケティングの人々が誤解しているだけで、実はユーザーはXYZを望んでいないのです。このような思い込みのせいで、誤った機能が作られてしまうことがよくあります。

こういった先入観をデザインスプリントが取り除いてくれます。InnoLoftに参加しているスタートアップ企業itsgr82bmeの共同創業者Michael Webbも、ユーザーが欲しいと言っているが実際にはいらない機能の経験があ

※7 **Tile**：https://thoughtbot.com/work/tile

ります。彼は、家族向けのイベントと他サイトでのイベントリストを結びつけるためにAPIを使おうという明確なアイデアを持っていました。しかしデザインスプリントの結果、APIをまったく使わなくても同じことを実現できるということがわかりました。つまりはデザインスプリントによって、方針が大きく変わることになりました。

デザインスプリントの結果、プロダクトを何も作らないという結論に至ることもあります。Faze1でCEOを務めるMarc Guyも、InnoLoftで行われたデザインスプリントの経験者です。そこでのデザインスプリントで彼は、プロダクトの作成をやめて顧客と対話するべきだという結論を得ました。驚かれたかもしれませんが、デザインスプリントの中でプロダクトの意義が否定されたのです。その後、彼らは顧客との関係構築に注力するようになり、ビジネスモデルは大きく変化しました。実際のところ、デザインスプリント以降は、InnoLoft社内でMarcや彼のチームを見かけることが少なくなったとC. Todd Lombardoは感じています。開発担当のメンバーも含めて、チーム全員が顧客との対話に出かけるようになりました。その結果、前年比で売り上げが8倍も増加するというめざましい成果を得られました。

デザインスプリントでの要件や特徴はそれぞれ大きく異なるため、自らのプロジェクトにとってどのようなデザインスプリントが最も適しているかを判断する必要があります。いずれの場合でも、適切なデザインスプリントを行えば今まで気づかなかった本当の課題を見つけ出しやすくなるでしょう。デザインスプリントのアプローチが効果的なのは、構造化されて時間を区切られたフレームワークと、適切な実践方法とが組み合わされているためです。これらの組み合わせのおかげで、参加者は他のさまざまな方法論よりも迅速に意思決定やアイデアの検証を行うよう追い立てられるのです。

まとめ

- デザインスプリントは「理解」「発散」「決定」「プロトタイプ」「テスト」という5つのフェーズから構成されます。フェーズの呼び名は組織ごとに異なるかもしれませんが、「実際のユーザーからの意見を元に、限られた時間の中で協力してデザインを繰り返す」という特質は同じです。

- デザインスプリントでの主眼は、人々が望んでいるものを作り出す可能性を高めることです。そのために、必要な検証を行うのです。

- デザインスプリントのプロセスはとても柔軟なので、さまざまなチームや要件に合わせることができます。

- デザインスプリントに対する評価方法もいろいろと考えられます。よいアイデアが生まれた数、チーム内の意思統一のため、企業の方向性の決定などがあげられます。場合によっては、プロジェクトを正しく中止できたかどうかも評価基準に含まれるでしょう。

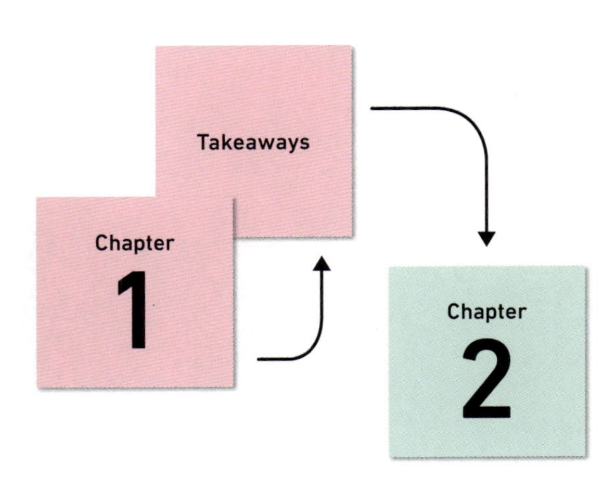

FAMILY DISCOVERY + LEARNING
MILLION DOLLAR HOMEPAGE

Chapter

2

デザインスプリントを行うべき時と、そうでない時

この章では、デザインスプリントがなぜプロダクトデザインに役立つのかを明らかにします。どんなプロジェクトでも失敗のリスクは避けられませんが、デザインスプリントはリスクを軽減して成功の可能性を高めてくれます。この成功の理由についても考察します。プロジェクトでリスク管理を行うことは、チーム内の意思統一や成果にも貢献します。例えさまざまな組織の利益を代表した人々からなるチームであっても、参加者を同じ方向に向かわせる方法を紹介します。またときには、デザインスプリントを行うのが最善の選択肢ではないという場合もあります。以前にも述べたように、デザインのプロセスに万能薬はありません。デザインスプリントのテクニックやアプローチを必ずしも利用するべきではない場合もあるということを知っておきましょう。目標や存在価値がないプロジェクトは、デザインスプリントのような優れたフレームワークを適用しても失敗するのです。

デザインスプリントを行う理由

デジタルプロダクトの製作で成功を収めるには、失敗のリスクを減らすことが必須です。しかし、リスクを完全になくすことはほぼ不可能です。デザイン部門のリーダーたちはこの困難な課題を解決するアイデアを見いだそうとしますが、どんなにすばらしいアイデアがあっても成果は保証されないことしかわかりません。ウォーターフォール開発そしてアジャイルなプロジェクト管理では失敗してしまうことは、増えてきた我々の白髪が証明しています。人々が望んでいるものを作る可能性を最大化するには、予算や時間をあまり消費せずに検証を行う最小限のやり方を会得しなければなりません。

Constant ContactでC. Todd Lombardoは、モバイル事業のチームのために4日間のデザインスプリントを実施しました。Constant Contactの有益かつ豊富な人材と、洗練されたモバイルアプリで優れたeメールを作成するためのたくさんのヒントが与えられていました。役立つ情報がすべて手中にあるという状態でした。しかし検証のフェーズでは、6名の参加者全員が「便利そうだけど、使いたいとは思わない」という意見を述べました。がっかりしましたが、我々の時間や労力そして予算を使うべきところに使い、顧客が真に望むモバイルアプリへと方針転換するチャンスを得られました。

スピードと効率そして集中を高める

明確に期限を区切られたプレッシャーを受けると、人間の脳は無理やり活動を始めます。短い期限を定めて人をプレッシャーのもとに置くと、脳は活性化され、解決方法を見いだすための物質が分泌されるようになります。厳しい期限を与えられた人間は**フロー状態**※1に達するという研究もあります。

時間的制約には、物事を新しい視点から見ることを促進するという効果もあります。Joshua Brewerは52 Weeks of UXで、「制約を課されることによって、デザインにとってよい判断を下せるようになります。制約を受けると、我々はしばしば今までになかった見方で対象を認識できるようになります。その結果として、デザインの明確さや役割が増します。制約によって創造的なプロセスが弱められたり妨げられたりすることはありません」と語っています※2。

多様性のあるチームでの意思統一

デザインスプリントは共同作業を重視したプロセスであり、それぞれ参加者の意見を聞けるようになっています。個々の作業を構造的に定義し、グループでディスカッションを行い、発散と決定のプロセスが明確に定められています。その結果、作成しようとしている成果物に関するチーム内の意思統一が促進されます。組織のみんなと顧客がプロダクトあるいはサービスを協力して作り上げると、双方にとって大きな成果が得られます。このような現象は

※1 **フロー状態**：脳はストレスを受けている状態から、フローあるいはゾーンと呼ばれる集中している状態に移行する。Mihaly Csikszentmihalyiによる解説書『Flow：The Psychology of Optimal Experience』、New York、Harper Perennial Modern Classics、2008年、原書1990年、邦題『フロー体験 喜びの現象学』が有名

※2 「Constraints Fuel Creativity」（Joshua Brewer、52 Weeks of UX）http://52weeksofux.com/post/358515571/constraints-fuel-creativity

共創効果（co-creation effect）と呼ばれ、さまざまな研究が行われています[※3]。共創効果と同じことが、デザインスプリントへの参加者にも当てはまります。
参加者がともにフロー状態に至ると、相互に連帯感が高まります。フロー状態に関して詳しいSteven Kotlerによると、「重要なのは、好成績でフローを介して強くつながっているチームには、リスクを受け入れるだけの余裕が生まれるという点です。リスクは労働者をフロー状態へと容易に導いてくれます。シリコンバレー流には『何度も失敗し、早期に失敗し、前向きに失敗する』というモットーがあります。そういうモットーのない企業は、フロー状態への移行を拒否しているかのようです。そして、フロー状態を拒否しているということはとても重要なお互いの結びつきも拒否しているのです」[※4]。

明確な手順を持つ

我々はデジタルプロダクトのデザイナーあるいは開発者として、明確な手順を持った、よりよい手順を望んでいます。デザインスプリントの工程では、まずやるべきことが構造的に示されます。新しくチームが結成された場合や、まだ決まっていないことが多い場合などにこの性質が特に役立ちます。新しい作業を始める際には対話が必要ですが、デザインスプリントのフレームワークではこれが必ずやるべき手順として組み込まれています。

スピードと効率そして集中を高める

プロジェクトを新しく始める場合、チームの参加者はどのように作業を開始し、どのように進めていくべきか知る必要があります。デザインスプリントを実施すると、方針の定義やユーザーの定義、ユーザージャーニー（ユーザーとのすべての接点）、そしてプロトタイプが成果物として得られます。適切に検証を行えば、これらはデザインと開発のスタート地点としておおいに役立ちます。検証に失敗した事柄も、答えを出すべき疑問あるいは解決するべき課題として役立ちます。
このような手順によって、初期段階での見積もりや技術的な実現可能性の調査も容易になります。デザインスプリントを通じて作成あるいは発見された事柄から、デザインし実現していくべきものを表す優先順位つきの一覧が作られます。プロジェクトが進行するのにつれて新しい情報が提供され、細かいデータを得られることで変更を強いられることもあるかもしれません。たとえそのような変更があったとしても、デザインスプリントを行えばプロジェクトをうまくスタートできるでしょう。
Intrepid LabsのCTOであるMatt Bridgesにインタビューし、プロジェクトを始める際にデザインスプリントを行った場合と、行わなかった場合の違いについて尋ねたことがあります。彼の回答は、「プロジェクトの最後の2週間をとても穏やかに過ごせました」というものでした。初期段階で明確な方針が決まっていれば、作業を早く終えることも可能でしょう。

※3 Anne Roggeveen、Michael Tsiros、Dhruv Grewal『The “Co-Creation Effect:” The Impact of Using Co-Creation as a Service Recovery Strategy』（Babson Faculty Research Fund Working Papers、paper 41、2009年）

※4 Steven Kotler『The Rise of Superman : Decoding the Science of Ultimate Human Performance』（New York、Houghton Mifflin、2014年）

デザインスプリントを行うべきではない場合

デザインスプリントはあらゆる要件や状況に対応しているというわけではありません。初期段階でデザインスプリントを行うべきではなく、後で行うほうがよいこともあります。ここでは、デザインスプリントを避けるべきケースをいくつか紹介します。

プロダクトがすでに明確に定まっている

デザイン思考がさほど必要とされない作業もあります。例えばすでに合意済みで、検証も受けているデザインが例としてあげられます。また、既存の機能を作りなおすだけで、改善や簡素化などの変更が必要ないという場合にも、デザインスプリントは適さないでしょう。

1日や2日では不可能なほどの膨大な量の調査が必要な場合

デザインスプリントには何らかの入力が必要であり、ほとんどの場合それらはデータという形をとります。ユーザーや顧客について調査したデータを手に入れるのは、1日や2日では困難です（詳細については4章や5章で解説します）。このような場合の選択肢は2つあります。デザインスプリントの期間を伸ばすか、検証をあきらめて顧客のニーズや課題の調査に専念するかです。Steve Blankは起業家志望の学生たちに「建物から外に出よう」と説きましたが、部屋に閉じこもっていないで外に出て人の意見を聞いたり観察したりしようと言うアドバイスは大きな組織でプロダクトに関わる人々にも当てはまります。

プロジェクト期間が2日か3日しかない場合

デザインスプリントにはだいたい5日程度かかります。リリースまでの期間が2日か3日しかないという切羽詰まった時に、すべての時間をデザインスプリントに費やすというのはナンセンスです。ただし、デザインスプリントでポイントとなるいくつかの作業だけを最初に行い、以降の作業に弾みをつけるということは可能です。
さまざまな方々にインタビューを行ったところ、さまざまな期間でデザインスプリントが行われていることがわかりました。詳しくは3章で紹介します。

ビジネスチャンスが明確でない場合

デザインスプリントは有望な方向性を明確に示してくれますが、方向性がまったくわからないという状況には必ずしも適していません。これから始めようとしている作業が十分な価値をもたらしてくれるはずであろうという、ある意味での常識にもとづく判断は必要です。対象としている問題領域への課題解決になるような、ビジネス上の実例が求められます。

対象の範囲があまりにも広すぎる場合

デザインスプリントを始める際に、対象への詳細な知識は必要ありません。しかし、対象の領域について大まかに知っておく必要はあります。対象を広げすぎたデザインスプリントは、初めに定めた課題さえ解決できないようなざっくりとした最大公約数的な解決策しかもたらしてくれません。あたかもユニコーンのように、存在しない、期待通りに振る舞うこともない機能しか得られないでしょう。

より高度なプロダクト開発への検討が必要な場合

デザインスプリントとは、プロダクトについての対話のきっかけになるものです。対話の締めくくりではありません。デザインスプリントの成果は、さらに発展させていかなければなりません。デザインスプリントを行っても、洗練されたプロダクトを低予算あるいは短期間で開発できるわけではありません。プロジェクトを開始する際の期待度はさまざまですが、デザインスプリントに対する上記のような誤解はしばしば見られます。

自分のアイデアに縛られている場合（IKEA効果）

IKEA効果[※5][※6]とは、自分が作ったという理由だけで自らのアイデアに固執してしまうことを指します。ユーザーからは気に入らないフィードバックが届くこともあるように、デザインスプリントに不適当なアイデアを排除するという役割もあります。自己否定や方針転換となる意見を受け入れられないなら、デザインスプリントの効果は薄いでしょう。このような状況では、我々にできることはあまりありません。

※5 **IKEA効果**：組み立て式の家具を自分で苦労して作ると愛着を持ってしまうことから

※6 Michael I. Norton、Daniel Mochon、Dan Ariely「The IKEA Effect：When Labor Leads to Love」（『Journal of Consumer Psychology Vol. 22』No.3、2012年7月、453-460 0）

まとめ

- デザインスプリントは失敗のリスクを減らして効率を上げ、チームの一体感を高めます。初めに行うべきことを定義し、新しい行動への方向性を示してくれます。

- プロダクトの詳細がもう十分に固まっている場合や、大量の調査が必要な場合、与えられた時間が短すぎる場合、ビジネスチャンスが明確ではない場合などには、デザインスプリントの効果は低くなります。

- デザインスプリントはすべてを可能にしてくれるわけではありません。スコープを適切に絞り込む必要があります。高度なプロダクト開発の代替にはなりません。方向性の変化を受け入れられない組織でも効果は薄いでしょう。

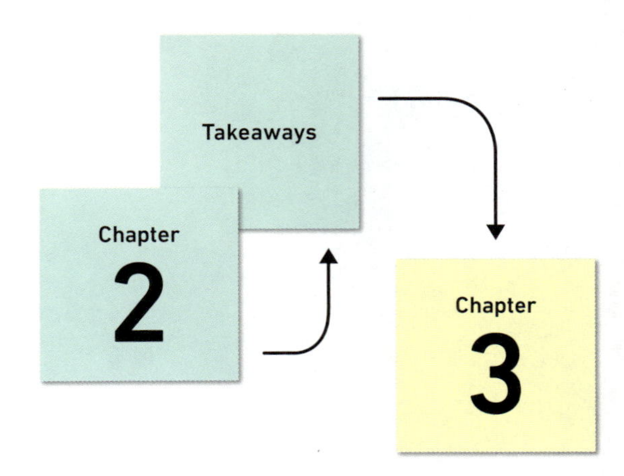

Wi-Fi
Network: CTCTpublic
Username: Engage
Password: Customers
DO NOT ERASE
EVER, EVER!
Potential Impact
< 50
New
non-grower

W
1. UNDERSTAND
Th
2. DIVERGE
F
3. CONVERGE
M
4. PROTOTYPE
Check in.
LEEOR
NURIA
JACEK
DAN
TOM
09:30 START
LEEOR PRESENTS
CLUSTERED STORIES.
SIMPLIFY + WRITE UP.
10:00
10:00
Keep
Stop
Start.
REVIEW OF UNDERSTAND DAY
DOT VOTING OF SCENARIOS. WHICH IS RICHEST?
CUT-OFF FEEDBACK + ANALYSE
JACEK
10:20
JOURNEYS TO HMWs
GROUP MIND MAP OF INITIAL THOUGHTS
10:00 -10:15
IN
DIVIDE + CONQUER.
+
MAKE 2-D IPAD
11:00
11:00
HMW? mindmap.
POST-IT
STORY BOARD
11:00
11:45
CRAZY '8' IDEAS BRAINSTORM
IDEATE
LUNCH

Chapter

3

デザイン
スプリントへの
アプローチ

ご自身のプロジェクトに、デザインスプリントをうまく適用できるかどうか不安に思われるかもしれません。デザインスプリントは万人向けではなく、すべてのプロジェクトに適しているというわけでもありません。しかし、読者のみなさんがプロダクトデザインで困っているなら、デザインスプリントはきっと大きなメリットをもたらしてくれます。デザインスプリントに集中して取り組むことによって、短期間で大きな成果をあげたプロジェクトを筆者は数多く見てきました。デザインスプリントの制約については章末で解説します。1回のデザインスプリントでFacebookのようなサービスを作り上げるのは無理かもしれませんが、ソーシャルネットワークでの重要なユースケースを表現するプロトタイプなら短時間でもうまく作れるでしょう。

一方、プロダクトやその機能に関する有望なアイデアがあり、実際に人や予算を割り当てる前に調査したいというケースも考えられます。デザインスプリントは、最低限の機能を持った実行可能なプロダクト（minimum viable productまたはMVP）の作成にも役立ちます。広告キャンペーンや資金運用、研修やサポートなどの分野でも、予算や時間を浪費してしまう前にデザインスプリントを行うのがよいでしょう。

デザインスプリントが最も適しているケース

プロダクトを開発する際に、デザインスプリントはさまざまな方法で適用できます。我々が実際に行ったり、他者が行っているのを目にしてきたそれぞれの方法について、これから紹介していきましょう。

プロジェクトや参加者の多様性が高い場合

上場企業LogMeInのUX部門とプロダクトデザイン部門でディレクターを務めるBrian Colcordは、デザインスプリントについて我々と同じ考えを持っています。

> ―― 普段は対立する意見や関係者間での調整などのあれこれに忙殺されていましたが、デザインスプリントは私を開眼させてくれました。デザインスプリントは対立する意見も調整のための時間もすべて取り込み、従来よりも数倍も迅速で優れた成果を得られるということがすぐにわかりました。これは本当に衝撃的な体験でした。

デザインスプリントはさまざまな種類のプロジェクトに適用できます。Constant ContactでC. Todd Lombardoたちは、デジタルプロダクト以外にも多様な活動に対しデザインスプリントを行ってきています。例えば財務チームは、仮説と検証にもとづくアプローチに強い興味を示しています。営業やマーケティングのチームは、プロダクトやそれらを組み合わせた提案方法を求めています。そしてフランチャイズチームは、フランチャイズ先ごとの施策の組み合わせを検証したいと望んでいます。

2章でも触れましたが、我々の脳はクリエイティブなフロー状態へと移行するために、環境あるいは自身の内部からの刺激を必要としています。クリエイティブな思考のために必要なカロリーが無尽蔵ではない時でも確実に生き残るために、人類は脳のエネルギー消費を抑えるように進化してきました。脳は可能な限り長期間活動できるようにカロリー消費を制限します。一方、必要な場合には蓄積されているエネルギーを一気に消費するような活動も可能です。この「必要な場合」は、作業に期限を設けることによって人工的に生成できます。脳はこのような刺激の由来が生き残るために必要なものなのか、人工的に作られた期限によるものなのか区別しません。期限を定められると、脳は怠けるのをやめて必要な成果をすぐに出してくれます。

時間を区切った作業というフレームワーク

時間が区切られたデザインスプリントでも、同じことが言えます。時間制限とその連続した締め切りによって、脳は活動を促されます。緊迫を生み意欲をかき立てるためには、期限を厳しく設定するのが一番です。最高の成果を得るためには、やる気をもたらす刺激が不可欠です。例えば、デザインスプリントの最終日に顧客からフィードバックを得るためのインタビューの予定を入れておいたり、デザインスプリントでまだ取り上げていないことについて上司にプレゼンテーションを行う予定を入れておくといったことが考えられます。このような刺激は集中力を増し、脳にとって望ましい状態をもたらします。そして、脇道にそれずに本当に重要なもの（プロトタイプなど）を完成させてくれます。検証の日までに準備が終わらないといったことはなくなるでしょう。

つまり、デザインスプリントでのコラボレーションの成功のためにほんとうに必要なのはリラックスではなく、意図的に引き起こされた緊張です。デザインスプリントとは、創造性を損なわない程度に柔軟で、かつチームに集中と興奮をもたらすためのフレームワークなのです。柔軟さと緊張の使い分けについては、本書全体を通じて解説していきます。実際に機能するプロトタイプを作成する際の技術的な課題には十分な時間を割くべきですが、コラボレーションによる探求が、ひらめきをもたらせるような配慮も必要です。天才ピアニストBill Evansは、Miles Davisによる『Kind of Blue』のライナーノートで以下のように記しています。「複数人での即興演奏は容易ではありません。全員の思考を統一するという技術的課題だけでなく、共通の成果を上げようという、とても人間的そして社会的な共感も求められるからです」。

理想的なデザインスプリント：5日間

デザインのサイクル全体を1週間で行う

デザインスプリントの中には数時間で終わるものも数週間かかるものもありますが、5つのフェーズのそれぞれに最低1日かけることを勧めています。すべてのプロセスを3日で終えてしまうことも可能ですが、顧客からフィードバックを受けるフェーズは絶対に省略してはなりません。フィードバックをおろそかにするなら、そもそもデザインスプリントを行う理由がありません。フィードバックを通じて、我々はプロダクトをよりよく理解することができます。理想的なデザインスプリントでは、各自のアイデアや課題について熟考する時間が用意され、そのアイデアを検証あるいは中断するチャンスも与えられます。それぞれのフェーズに1日ずつ割り当てると、仮説を検証する余裕が生まれるとともに、結論を急ぐことも避けられます。意思決定の際によく考えたり、前日の作業について討論する余裕も生まれます。我々は経験やインタビューを通じて、デザインチームがデザインスプリントを行うのに5日間ではなく、異なる期間で実施する手法も編み出しています。

時間が足りないという場合もあるでしょう。読者のみなさん本人には時間的余裕があるとしても、別の仕事があって5日間も時間を空けられないという参加者がいるかもしれません。どの参加者にもそれぞれの都合というものがあります。このような場合には、これから紹介する手法の一部または全部を試してみましょう。これらはいずれも有効性が実証されています。

代わりの方法①：日数を縮める

「5日は無理だけど、2日なら」

5日間のデザインスプリントを行う上での最大の課題は時間です。大きな企業や組織で5日間も時間を割くのが難しいとよく言われます。すべての関係者を1ヶ所に集めて、5日間デザインスプリントに集中させるというのは容易なことではありません。参加者は他にも業務を抱えており、しなければならない仕事も多いでしょう。

多くのデザインスプリントでは、全員が出席すべきなのは「理解」と「発散」そして「決定」フェーズだけです。「プロトタイプ」では、全員が参加すればよりよいプロトタイプを作れるでしょう。同様に「テスト」でも、全員がユーザーとの話し合いに参加することには意義があります。しかし、全員の参加が難しい場合には一部の参加者でこの作業を行ってもかまいません。検証の終了後に最後の情報共有を行い、参加者全員がフィードバックを受け取れるようにすれば、合計2日分の時間を節約できます。

3日を確保するのも難しいという場合には、全員に2日間参加してもらって初めの3つのフェーズを2日間でまとめて行ってしまうという方法もあります。余った時間は「プロトタイプ」や「テスト」に振り分けて、よりリラックスした環境で作業するのもよいでしょう。

代わりの方法②：1日の作業時間を縮める

「1日当たり5時間か6時間なら」

Constant ContactでC. Todd Lombardoは、デザインスプリントを1日のうち午前10時から午後4時まで実施するのみという実験を行いました。その結果、数日間ずっとデザインスプリントに拘束される場合よりも参加者の不安が軽減されることがわかりました。彼はさらに、デザインスプリントを1時間半から2時間の集中作業に細かく分割し、2ヶ月あるいは3ヶ月の間に分散して開催するという実験も行っています。参加者が他に多くの業務に携わっており、空き時間がほとんどなかったためです。これらの実験でもデザインスプリントは有効でしたが、できれば分散させずに集中して行ったほうがより効果的です。現在ではこのような長期間に分散した試みは行わず、長期間にわたるデザインスプリントの代わりに短時間で終われるワークショップ形式のデザインスプリント的作業も行っています。たとえ短時間の実施だとしても、デザインスプリントによって強いられる集中が、魔法のような効果をもたらしてくれます。

短すぎることの弊害

1日当たりの作業時間を減らせば、「3日から5日も拘束するなんて、馬鹿げている」といったような不満を減らせるでしょう。しかし、デザインという作業には時間がかかるものです。課題を解決するためには、それなりの時間が必要なのです。

代わりの方法③：長期間に分散する

「作業を小分けにして、4週間で少しずつやろう」

モバイルアプリに注力しているデジタルデザインエージェンシーIntrepid Labsは、正当な理由があってデザインスプリントに4週間から6週間をかけています。CTOのMatt Bridgesによると、「連続する5日間をまるまる費やすような余裕が社内のチームにも顧客にもないから」とのことです。

NetAppでUX部門のディレクターを務めているSteve Fisherは、かつてSeaChangeでUX Directorとして勤務していたころの経験を次のように語っています。

—— Google Ventures（現GV）で以前から行われているような、まるまる5日間を費やす形式のデザインスプリントはすばらしいものです。Google Venturesに対して初期段階の出資を求めているようなスタートアップ企業では、この形式が適しているでしょう。しかし、しなければならない他の仕事や管理しなければならない部下が多い場合には、5日間もまるまるデザインスプリントの作業に費やすのは不可能です。そこで、デザインスプリントを2時間単位で細かく分割しました。頭がすっきりしている午前10時に開始し、正午には終了します。これを毎週火曜日と木曜日に行い、4週間で1つのデザインスプリントを構成します。我々にとっては、これが最もやりやすい方法です。火曜日と木曜日の午前10時から正午というのは、集中した作業に最も適した時間帯です。

もちろん、デザイナーはこの2時間以外にもプロジェクト関連の作業を行っています。他部門の関係者がUXチームとともに共同で作業に取り組むというのが、この2時間の作業の目的です。

AtlassianのJurgen Spanglも、なんと7週間にわたるデザインスプリントで同様の経験をしています。7週間ものデザインスプリントについて初めて聞いた時、筆者は「スプリント（短距離走）ではなくマラソンだ」と思いました。その時の彼は「7週間かけて行ったようなやり方では、二度とデザインスプリントをしないでしょう。そのデザインスプリントはとても野心的で、多くの変更を行おうとしていました。あまりに多くの人々に対して一度にスキルアップや教育を行い、成果を求めるというのは不可能でした」と述べています。

この手法での問題は、ウォーターフォール形式の工程と本質的になんら変わりがないという点です。集中して行われるべきデザインスプリントが、のんびりとしたペースで行われることになってしまいます。
MacMillan EducationのAlex Britezは、次のようなフェーズから構成される6日間のデザインスプリントを行いました。

- **理解**：解決しようとする課題について、共通の理解を得ます。
- **共感**：関係者（ここでは学生）を招き、インタビューします。
- **アイデア創出**：知見をまとめて、課題解決の方法を定義します。
- **決定**：どの方法を具体化し検証するか選びます。作業には催し物会場のような広い会場が使われます。
- **プロトタイプ**：アイデアを元に、実際に利用可能なプロダクトを作成します。
- **テスト**：プロトタイプに対するフィードバックをユーザーから集めます。

この方式での特長は2つあります。顧客にインタビューして共感するというプロセスにまる1日をかけていることと、週末にもプロトタイプを作成し次の月曜日の検証に備えられるという点です。

代わりの方法④：数時間へと超圧縮する

「2〜3時間なら空いているけど、何かできることは?」

プロジェクト全体の期間が1週間しかない場合に、デザインスプリントのプロセスの一部分を行うだけでもメリットがあるプロジェクトもあります。デザイン思考のために1週間をまるまる費やすのは難しいというケースも考えられます。大きなプロジェクトでは、関係者のスケジュールが数時間しか空いていないということもあるでしょう。

このようなケースでは、重要な工程にだけに集中してデザインスプリントを行うということも可能です。「発散」と「決定」に十分な時間を割けない場合でも、課題を簡潔に定義し、ゴールや仮説を把握し、ユーザーの属性や背景を知って何を作るべきか理解するのは可能です。簡単な図、あるいはストーリーボードを作成すれば、大まかな骨組みについてユーザーとともに検討を行えます。そして実現しなければならないこと一覧を作り、正しい方向に向かってプロジェクトを開始することができます。

限られた時間でなんとかしなければならない出来ごとが2015年にthoughtbotでも起こりました。Ronin LabsのPeter Bellは、3週間以内に企業向けの研修を行うための新しいプランを作成しなければなりませんでした。我々はまず十分な時間をとってデザインスプリントを行いたかったのですが、Peterは3時間後に飛行機に乗らなければならず、我々に与えられた時間はこの搭乗前の3時間だけでした。わずか3時間です。そこで、我々は上に述べたような短縮された手順のデザインスプリントを行いました。その結果、Peterは何もない状態から初期の資金を確保し、顧客やユーザーを獲得することができました。

—— デザインスプリントの変種として、我々はデザインスタジオと呼ばれるしくみも作りました。私は数年の間、デザインスタジオについてたくさん学び、その成果をここで具体化しました。デザインスタジオは1日で完了するデザインスプリントのようなもので、複数のチームに分かれて並行して作業が行われます。デザインスタジオでは、より多くの人々を取り込めます。特定の業務フローを試しに具体化してみたいという場合や、さほど大きくはない課題に取り組む場合などにデザインスタジオは適しています。一方デザインスプリントは、大きく包括的な課題の解決に適していると考えます。例えばユーザーが商品を購入する際のフローを知りたいといった特定の課題に、デザインスタジオは後押しになってくれるでしょう。デザインスタジオを利用することが、デザインスタジオの改善にもつながります。そして我々も、デザインスタジオを利用し改善し続けています。

— **Brian Colcord [LogMeIn]**

代わりの方法⑤：アジャイルやスクラム方式に合わせる

「うちのエンジニアリングチームはアジャイルなんだけど」

Constant ContactのDamon Dimmickは、デザインスプリントの「スクラム化」について考察し、以下のように述べています。

—— スクラム信仰者なので、まずはデザインに関する作業が始まる1週間前あるいは数週間前に、スクラムの世界でまず行うべき作業を洗い出しています。プロダクトオーナーを決めて作業項目一覧を作り、チームが集まって継続的に更新を行い、リストに仮説や仮定が追加されます。これは発見のフェーズと呼ばれます。

彼は続けて、仮説が作業にもたらす効果についても述べています。

—— 作業の方向性について仮説を立てて検証を行ない、その結果を短時間の作業へと分割して理解することが重要です。その結果として、実行可能なストーリーが得られます。要件に応じて、見た目のデザインが含まれる場合も含まれない場合もあります。

このようにして必要な作業がすべて定まったら、通常のスクラムのしくみに従って作業を進めていくことができます。プロダクトオーナーはそれぞれの作業に優先順位を割り当てます。

デザインスプリントの期間をスクラムに合わせる

thoughtbotでのTrace Waxらのチームは1週間のデザインスプリントを行っており、Constant Contactの一部のチームも同様に1週間です。3-Pillar GlobalのUX部門でシニアマネージャーを務めるAlok Jainは、開発チームでのスクラムの周期に合わせて2週間のデザインスプリントを行っています。

いずれにせよ、デザインスプリントを読者のみなさん固有の環境に合わせる方法は多数あります。ここまでに紹介した例の中に、読者のみなさんの組織にも当てはまる方法があったと思います。

Takeaways

まとめ

- 作業に期限を定めることによって、ある種の切迫感が生まれます。この切迫感が作業を進める力になります。

- 1つのチームがいったいいくつのプロジェクトを同時に対応できるのかは定かではありませんが、我々の知る限り、1つのプロジェクトに注力するほうが高い生産性を得られます。

- デザインスプリントの5つのフェーズは、短期間に圧縮することも、長期間に分けて行うこともできます。実際に試行錯誤を通じて、読者のみなさんの組織にはどの形態が適しているのかを探りましょう。

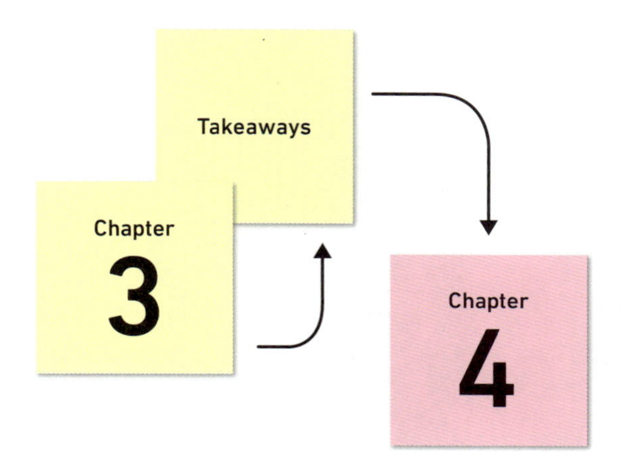

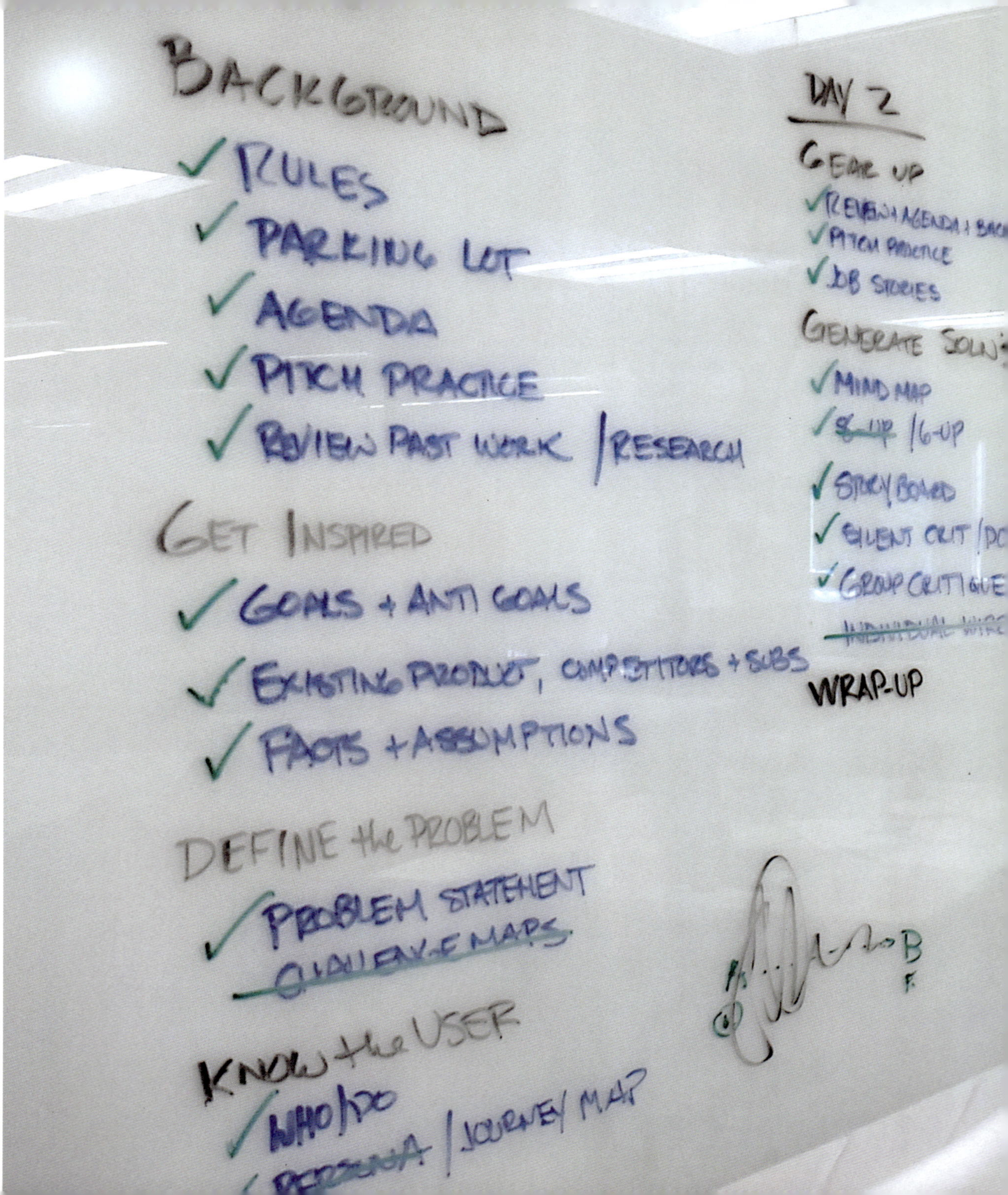

BACKGROUND

✓ RULES

✓ PARKING LOT

✓ AGENDA

✓ PITCH PRACTICE

✓ REVIEW PAST WORK / RESEARCH

GET INSPIRED

✓ GOALS + ANTI GOALS

✓ EXISTING PRODUCT, COMPETITORS + SUBS

✓ FACTS + ASSUMPTIONS

DEFINE the PROBLEM

✓ PROBLEM STATEMENT

~~CHALLENGE MAPS~~

KNOW the USER

✓ WHO/DO

✓ ~~PERSONA~~ / JOURNEY MAP

DAY 2

GEAR UP

✓ REVIEW AGENDA + BACK

✓ PITCH PRACTICE

✓ JOB STORIES

GENERATE SOLN'S

✓ MIND MAP

✓ ~~8-UP~~ / 6-UP

✓ STORYBOARD

✓ SILENT CRIT / PO

✓ GROUP CRITIQUE

~~INDIVIDUAL WIRE~~

WRAP-UP

B

DAY 3
GET STARTED
✓INTRO REVIEW
✓PITCH PRACTICE
SCRUTINIZE!
✓$100 TEST → ASSUMPTIONS
✓DESIGN ALTERNATIVES
WIREFRAME
✓SKETCH 1
✓SKETCH 2
– FINAL WIREFRAME
WRAP-UP
DOT VOTE
(2x)
BACKGROUND
User can:
• CREATE/USE EXISTING VIDEO
• LINK TO NON-PROFIT SITE
PLATFORM
• SEAMLESS for ALL
• SOCIAL MECHANICS
• DATA DRIVEN / TRACKING
• GAME MECHANICS
JOB STORIES
WHEN
HAPPENS
I NEED TO
SO THAT

どのように
デザインスプリントを
行うか

ここからは、読者のみなさんのチームやプロジェクトあるいは企業で実際にデザインスプリントを行う際の詳細について解説していきます。時間の設定や必要な備品、プロジェクト管理などを明らかにします。まずはスコープの設定、そして参加者の選定と勧誘に関する事柄を紹介します。これらをはじめとする細かな準備を通じて、作業に集中できるようになります。既存の知見に学び、自信を持ってデザインスプリントを行えるようになるでしょう。

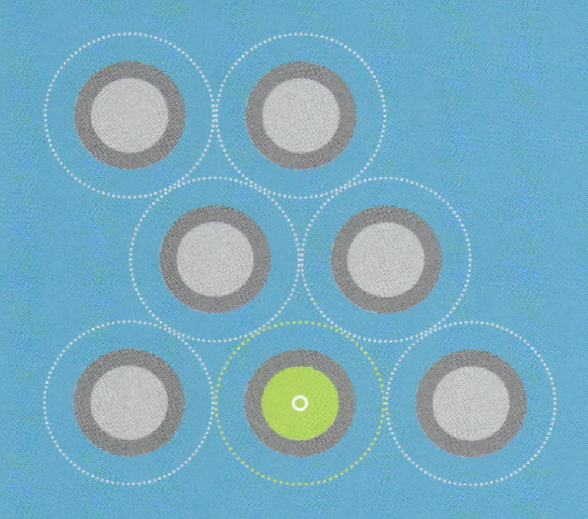

フェーズ①

理解

解決しようとしている課題を
定義し、分析します。

フェーズ②

発散

課題を解決するための
アイデアを生み出します。

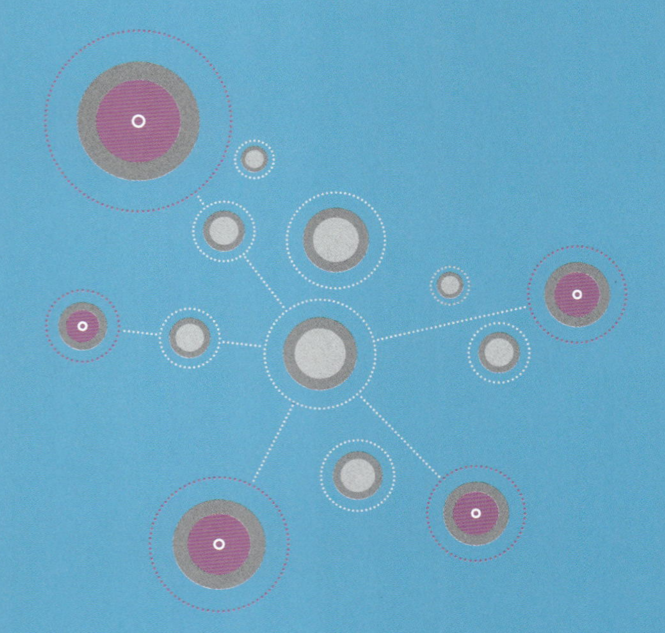

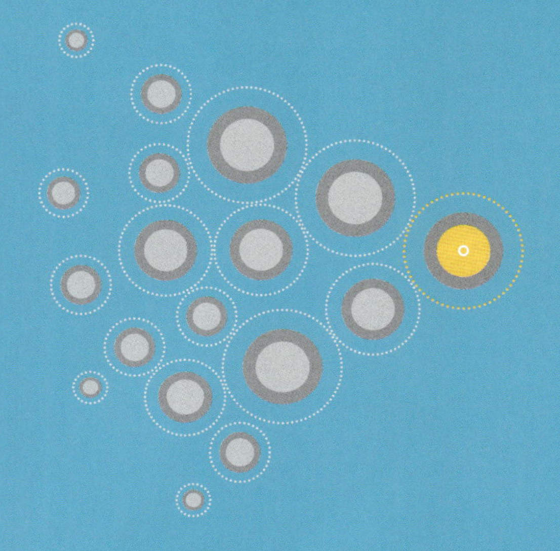

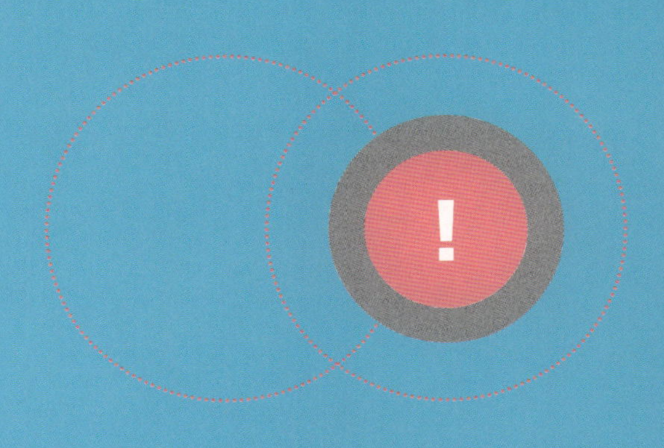

フェーズ③

決 定

どのアイデアを採用し
検証をするか決めます。

フェーズ④

プロトタイプ

ユーザーが実際に利用できる
プロトタイプを作成します。

フェーズ⑤

テスト

プロトタイプの使われ方を観察し、
仮定の正しさを確認します。

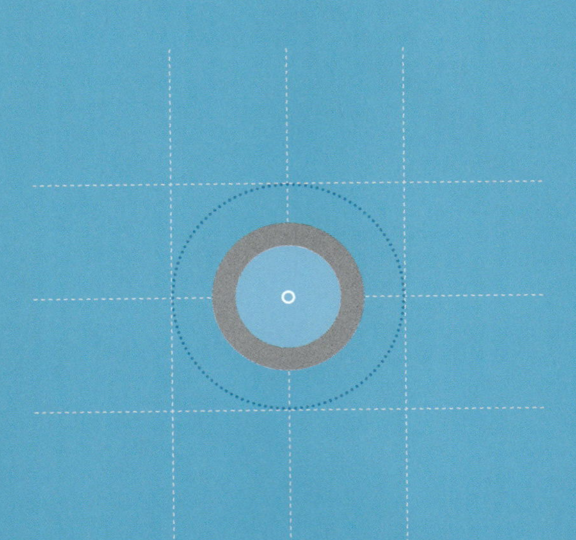

Chapter

4

デザインスプリントの前：

計画

みなさんは、すでに自らのアイデアやプロジェクトでデザインスプリントを実施することを決断しているはずです。そして、どこから作業を始めるべきか知りたいと思っていることでしょう。この章では、デザインスプリントの準備に必要なものを紹介します。作業のスコープを決め、日程表を作成し、参加者を選定します。デザインスプリントで利用する備品一式を自分用に用意してもよいでしょう。この章を読み終えるころには、デザインスプリントを始める準備がすっかりできているはずです。

期限を決める

月曜日から金曜日までの5日間で各フェーズを1日ずつ行うのが、デザインスプリントとして最も効果的です。1日という期間はじっくりと作業を行うのに十分長く、かつ緊張感によって作業を加速させるのに十分短くなっています。この5日間でのデザインスプリントが最も広く行われており、読者のみなさんのチームでも第一に検討するべき期間です。

しかし、スケジュールの調整がつかない場合や要件が異なるケースも考えられます。3章で述べたように、デザインスプリントには代わりの方法がいくつか用意されています。作業に取り組める期間の違いにかかわらず、日常の業務と同じくらいの準備は重要です。すべての参加者に対して、日程表と成果物のイメージを知らせておくべきです。ただし、期待される成果に対して過度な計画は望ましくありません。例えば、デザインスプリントの前に各機能の網羅的なリストを作っておくのは悪い例です。準備しすぎることで先入観が与えられ、結果的にまったく異なる成果がもたらされる可能性があります。少なくとも本書の読者のみなさんには、正しい方針のもとで作業を行ってほしいものです。

1つまたは複数の日程表を作成する

それぞれのフェーズには目標があり、日程表を用意しましょう。この後の各章では、フェーズごとの推奨される日程表の例を掲載しています。1日の作業時間は長すぎないようにしましょう。最大でも7時間が理想です。作業には集中力が求められ、参加者は疲れがちです。十分な休憩の時間を設けましょう。一般的には、80分から120分ごとに休憩が必要です。

余裕を持って休憩時間を用意しておけば、必要に応じて作業を延長することも、別の急ぎの事柄に対応することもできます。

大切なのは柔軟なアプローチです。日程表には、必要な作業一覧とそれぞれの時間割が記載されます。デザインスプリントの手法の中で、それぞれの作業の手順については変更の余地はありません。一方、所要時間や作業内容の詳細については、各自のプロジェクトでの制約に合わせて調整してもかまいません。デザインスプリント制限全体を通じて、時間を区切るという原則は作業を進める上で必須の要件です。時間の区切りがないと、1つの作業に時間をかけすぎたために以降の作業で時間が足りなくなるといったリスクが生じます。

デザインスプリントを初めて行う場合には、物事がうまく進まなくなってしまう場合もあるでしょう。そこで、予備の日程表も用意しておくとよいでしょう。Constant ContactのInnoLoftで**イノベーションカタリスト**[※1]を務めるKayla Doanは、デザインスプリントに関する研修を終えた後に、自らデザインスプリントを実施するよう指示されました。彼女はそれぞれの作業についてプランを作成しました。そして、作業も時間の制約も異なる予備のプランも用意しました。彼女はこの予備計画の作成で終わりにはせず、異なる課題と作業を扱うさらに別のシナリオも用意しました。「デザインスプリントの進め方を検討し、そしてプランBとプランCも準備しました。進め方を変えなければならなくなった時に、予備のプランが役立ちました。突発的な事態が発生しても、いったん休憩時間にしたり、作業に介入したりする必要はありませんでした。予備のプランは私の危機管理のための予備案です」と彼女は述べています。プランBやプランCには、さまざまな段階での代替の作業が含まれます。多くの問題に対処できるように、作業の選択肢を用意しましょう。それだけ準備してもすべての対策が当てはまらないような状況に陥ったら、振り出しに戻って考え直しましょう。

※1 **イノベーションカタリスト**：全社的な改革を推進したり、組織にイノベーションを起こすために社内外のリソースを結びつける役目の職種

スコープを設定する

デザインスプリントのスコープを適切に設定し、作業が脇道にそれるのを防ぐ必要があります。スコープを設定するために、関係者にインタビューしたり何らかの調査を行ったりすることがよくあります。従業員の多い組織では、誰が現在のプロジェクトに関連しているかを把握するのは容易ではありません。デザインスプリントに先立って、適切な相手に対し20分程度の短いインタビューを行いましょう。作業の範囲だけでなく、相手が参加するべきかどうかを判断する材料として役立つでしょう。

作業のスコープを判断する際には、複数の要因が影響します。例えば、プロダクトの段階（ごく初期段階、市場への投入前、市場投入直後、すでに成熟した市場など）を考慮に入れる必要があります。スコープが広すぎると取り組むのが難しくなり、逆に狭すぎるとデザインスプリントを実施するに値するものではなくなってしまいます。広すぎるスコープとは、例えば「デジタルマーケティングを再定義する」といったものです。逆に、「ログインページを修正する」というのは狭すぎます。「ブランドの紹介キャンペーンに参加してもらうための、新しい方法を探る」といった程度のスコープが適切です。

スコープを適切に定めるだけでなく、柔軟であることも重要です。ユーザーや業務にとっての最大の要件が、スコープ外だと早期に判明した場合には特に柔軟に対応することが求められます。ただし、本当の課題は「理解」フェーズで判明するので、以降のフェーズではこの課題の解決に取り組んでいくべきです。課題が完全に決まっている状態で、デザインスプリントを始めるべきではありません。方向性だけを定めておき、「理解」フェーズで改善し、「発散」と「決定」の各フェーズでさらに洗練していくのがベストです。デザインスプリントを終了する時点で、業務やユーザーへの効果を最大化できればよいのです。

ファシリテーターを選ぶ

外部からファシリテーター（進行役）を招き、みなさんとともにデザインスプリントの進行を受け持ってもらえると効果的です。Webを検索すれば、このような目的に適したデザイン思考のエキスパートを多数見つけることができるでしょう。ただし、デザインスプリントはアジャイルとデザイン思考の組み合わせであり、エキスパートの全員が双方に精通しているとは限りません。C. Todd Lombardoが初めてConstant Contactでデザインスプリントを行ったとき、国際的なデザインエージェンシーDesignItのコンサルタントにファシリテーターを依頼しました。このファシリテーターは客観的な第三者としての役割を果たしただけでなく、デザイン思考のフレームワークを熟知しているというだけで大きな助けになりました。

TruliaでConsumer ProductsのUXマネージャーを務めていた山岡理恵は、かつて彼女が開いたワークショップで疲れ果ててしまった経験から、Truliaにとって初のデザインスプリントをする際にDana Mitroff-Silversをファシリテーターとして指名しました。ファシリテーターと参加者両方の役割をひとりで果たすのは重荷であり、その時の山岡は以下のように語っています。「私は『誰か勝手にデザインスプリントをやって、どうやったかだけ教えてくれる人がいないか』考えていました。デザインスプリントで行うべきことを理解し、資料を読んで、また読んで、さらに実行に移すという作業を行いながら同時にデザイン業務が可能だなんてとても思えませんでした」。

ファシリテーターを外部から招くというのはすばらしいことですが、実際にはなかなかできません。デザインスプリントへの参加者の1人にファシリテーターを依頼するというのが最も一般的です。ファシリテーターは発言することが多く、グループを率いていくことになります。自らの方針を押し付けずに、進行役として参加者の発言に耳を傾ける必要があります。プロダクトオーナーやプロダクトマネージャーがデザインスプリントをリードすればよいと思われるかもしれませんが、そのような配役は避けるべきです。彼らは、結果だけが最も大事だからです。デザインスプリントをよく理解しており、調整能力がある人を選ぶのがよいでしょう。それはみなさん自身かもしれません。本書を読んだなら、我々は味方です。そして、みなさんも正しい手順を踏めるようになるはずです。心配はいりません。適切なファシリテーターが見つからないことも多いかもしれませんが、そのような場合には読者のみなさんの出番です。繰り返しますが、ファシリテーターはデザインスプリントの進行に徹するべきであり、立場を利用して意見を押し付けてはいけません。物事を前進させ、必要なときに誰もが発言できるようにするのがファシリテーターの役割です。

Column

よいファシリテーターとは

ファシリテーターは他人の意見を聞いてそれに対応し、デザインスプリント全体を通じて可能な限り客観的でなければなりません。誰もが先入観を持っていますが、この先入観を考慮した上で中立性を保つ必要があります。たとえ大した成果をもたらしそうにない突飛なアイデアであっても、受け入れることが重要です。例えばAirbnbのように知らない人を自分の家に泊めるといったとんでもないアイデアが、数十億ドルのビジネスにつながることもあるのですから。

ファシリテーターの役割は、常に進捗状況を把握して時間を管理することです。作業が数分間にわたって停滞しているようなら、気合を入れるのも仕事のうちです。以前にも述べたように、デザインスプリントは時間を区切ることで緊張をもたらしますが、その一方、大きな成果を生み出してくれます。チーム構成によっては、時間の管理を別の担当者が分担することもあります。これによって、時間を区切ることに対する共通の意識を作り出せる可能性があります。

「ペンは剣より強し」という言葉がありますが、この力を参加者全員に分け与えるというのもよい考え方です。参加者の発言を書き留める場合には、できるだけ忠実に記録しましょう。完全に言ったままを記録するというのが理想です。発言に価値があるということをチームの参加者に示せるだけでなく、言ったことがきちんと記録に残されているという満足感を発言者に与えることもできます。このような無意識下の印象を通じて、デザインスプリントの雰囲気はよりよくなるでしょう。見当違いの発言があったら、ファシリテーターの腕の見せどころです。「つまり○○さんが言いたかったことは、△△ということですね」と言い換え、適切な方向に誘導しましょう。

チームのメンバーを勧誘し、情報を伝達する

当日行うことを1ページにまとめた資料を用意しましょう。目的や開催場所、参加者、期間、成果物といった基本的な事柄について、全員に知らせます。

デザインスプリントの最適なチームは、4人から5人の参加者から構成されます。これよりも少なすぎると、作業をすべて終えるのが大変になります。多すぎると、作業の分担をめぐって対立が生じるでしょう。現実に目を向けると、理想的な人数でチームを結成するのが難しいこともあります。2人だけのチームや、数十人に上るチームも実際にありました。ただし、人数によって成果が異なるということは覚えておいてください。多人数のグループで大量のアイデアが出されると、「決定」フェーズは難しいものになるでしょう。逆に少人数すぎるグループには、多様な観点からの十分なアイデアが集まらないリスクが伴います。

うまく進めるためにデザインスプリントの経験者を参加者に含めるのはよい方法です。Atlassianのデザイン統括であるJurgen Spanglは、「未経験の参加者が多すぎる場合、そもそもデザインスプリントを行う理由も含めてさまざまな説明を繰り返さなければならなくなります」と警告しています。チームの中に経験者がいる場合、デザインスプリントそのものを教えるために教育目的での細かい説明をする必要はなく、効率的に作業を進められます。Dana Mitroff-Silversはこの点を踏まえ、全員が未体験という場合には初めにデザインスプリントの練習を行うようにしています（5章参照）。

また、参加者について重要な注意点があります。成果に対して決定権を持つ幹部がいるなら、その人にできるだけ長くデザインスプリントに参加してもらうようにしましょう。参加を得られない場合、せっかくの作業の結果を後で覆されてしまう可能性があります。「**HiPPO**※2の暴走」という言葉を聞いたことがあるでしょうか。このような事態を防ぐために、あらゆる手を打っておく必要があります。

参加者を選ぶ作業の手助けになるように、チェックリストの例を用意しました。全部で3つあり、それぞれスタートアップ企業と、より大きな企業、そしてデザインエージェンシー（またはコンサルタント）を対象にしています。

スタートアップ企業などの小さな組織向け

小さな組織でのデザインスプリントには、次のような人々に参加してもらいましょう。

⊕ プロダクトマネージャー

それは読者のみなさん自身かもしれません。そうではないなら、プロダクトを作成することに対して最も高い職位の責任者を探しましょう。

⊕ デザイナー

正確には、デジタルプロダクトデザイナーまたはUIデザイナーです。Webやデジタルに関する経験のないイラストレーターやグラフィックデザイナーは、アイデアを実際

※2 **HiPPO**：動物のカバ（Hippo）にかけた言葉で、Highest Paid Person's Opinion（高給取りの横やり）の略。このせいで、物事が台無しになることがよくある

のビジュアルデザインにうまく変換できない可能性があります。

エンジニアや開発者

プロジェクトの中で、開発の推進に責任を負う核となるメンバーに参加してもらいましょう。スタートアップ企業では、技術担当の共同創業者やCTOがこれに該当するかもしれません。フロントエンド開発に関する経験は、たとえわずかでもあれば大いに役に立ちます。例えばデバイスの機能に影響するような疑問を持った時に、アクセシビリティや読み込み時間に関する知見あるいは画面遷移などを扱った経験のあるエンジニアがいると心強いでしょう。

顧客担当者

小さなスタートアップ企業では、ほぼ全員が何らかの形で顧客との接触があるでしょう。デザイナーも開発者も創業者も、しばしば顧客の声を聞いているはずです。もし顧客の声を聞いていないなら、今の段階でも大きな問題になるでしょう。一方、顧客サポートを受け持つのが1人だけだという場合には、その人を必ずメンバーに含めるべきです。

CEOまたは創業者

CEOを招くことによって成果を得るためには、いくつかの指針に従う必要があります。小さな企業やスタートアップ企業では、CEOの参加は重要であり必須でもあります。CEOが契約の締結や資金の調達に忙しいという場合には、最低でもデザインスプリントの最初と最後には参加してもらいましょう。デザインスプリントを開催したからと言って、CEOの同意を得なくてもよいということにはなりません。NPRで製品改革と戦略立案担当を務めたKeith Hopperは、「デザインスプリントはCEOを無視するための手段として利用してはなりません。CEOを仲間に入れなければ試みは必ず失敗に終わるでしょう。スタートアップ企業では何事にも、CEOの承認と支持が求められます」と述べています。また、CEOには参加者の中で意見が対立した場合にどちらかを支持して紛糾を止めてくれるというメリットもあります。ただしこのような意見が対立した場合でも、顧客のニーズを無視するようなことがあってはいけません。

マーケティングマネージャーまたはCMO（Chief Marketing Officer）

マーケットでの位置付けやブランドメッセージの発信については、マーケティングマネージャーからの視点が必須です。これによって、適切な視覚表現や適切な表示と適切な文章を持ったプロトタイプを作成することができます。しかし、手早く何かを作るという目的は何よりも重要です。些細な点にこだわって文章のあら探しをしていると、納期を守れなくなるかもしれません。

より大きな企業または大きな組織向け

大きな組織では、以下のような参加者を集めるのがよいでしょう。

CPO (Chief Product Officer)、プロダクトマネージャー、プロダクトディレクター、プロダクトオーナー

CPOという役職がない場合でも、プロダクトの担当者に相当する人物を含める必要があります。大規模なプロジェクトでは、1つのプロダクトが持つ個々の機能について1人ずつ責任者がいるという場合もあります。デザインスプリントの成功に貢献すると考えられるなら、彼ら全員に参加してもらってもかまいません。

プロジェクトマネージャー

プロダクトマネージャーに加えて、プロダクトのデザインを監督する立場のプロジェクトマネージャーがいる場合もあります。両者ともに参加してもらいましょう。プロダクトマネージャーとプロジェクトマネージャーの違いについては、P.87「プロダクト管理とプロジェクト管理の違い」を参照してください。

デザイナー

優秀なUIデザイナーが必要です。大きなチームで複数のプロトタイプを作成する場合には、デザイナーも複数人いるほうがよいでしょう。

エンジニアや開発者

フロントエンドエンジニアが多いと思われますが、バックエンドの専門家がチームにいることもあるでしょう。いずれにせよ、我々がデザインしようとしているのはプロダクトが持つ表面的なインタフェースのプロトタイプです。その意味では、フロントエンド関連の経験者のほうが、より役立ちます。

顧客担当者

大きな企業では、顧客担当としてカスタマーサポート担当マネージャーあるいはChief Feel-Good Directorといった役職が定められているかもしれません。顧客層が複数ある場合には、マーケティングのチームから追加の参加者を招集するとよいでしょう。

CEO

注意点は小さな企業の場合と同様です。

プロダクトマーケティングマネージャー

大きな企業でも小さな企業の場合と同様に、マーケティングマネージャーからの視点は必須です。

デザイン事務所やデザインエージェンシーあるいはコンサルティング会社

これらの組織では、以下のような参加者が求められます。

UX戦略家やプロダクトリーダー

読者のみなさんがデザイン事務所に務めているなら、あなた自身がこの立場に該当するかもしれません。違う場合は、デザインエージェンシーあるいはコンサルティング会社の側でプロジェクトを統括する立場の人を招きましょう。

UIデザイナー

デザインスプリントや**ディープダイブ**※3などの構造化されたデザイン思考の経験があるなら、効率よく作業を進められ、活動に勢いがもたらされるでしょう。

エンジニアや開発者

前項参照。

プロジェクトマネージャー

ほとんどのデザイン事務所には、典型的な役割としてプロジェクトマネージャーが在籍していることでしょう。プロジェクトマネージャーはチームの中できわめて重要な役割を果たします。すべての対話や図表そして意思決定を把握し、作業がスケジュール通りに進んで納期が守られるように配慮してくれます。

顧客

デザインスプリントに顧客も参加してもらうのはよいことです。

パートナー企業やベンダー、顧客へのアドバイザーといった第三者を招くのもよいことです。第三者を呼ばないと孤立してしまうと強迫的に考えている顧客もいるかもしれません。このような場合には「Chicken and Pigテスト」を適用してもらうとよいでしょう。Chicken and Pigテストとは、ハムエッグの材料としての鶏と豚の役割の違いを表しています。Chicken（鶏）は単に参加するだけですが、Pig（豚）は身を挺して献身的に取り組んでいるという例えです。物事が失敗に終わった場合、真剣に取り組んでいる人々にとっては失うものが多いのですが、単なる参加者はただ傍観しているだけです。デザインスプリントでは、ただの参加者よりも真剣に深く関わる参加者のほうが歓迎されます。招こうとしている参加者は、どちらの種類の参加者なのか考えてみましょう。

関心がある人は誰でも参加させるという方針がとられることもありますが、それは勧められません。デザインスプリントは、参加者が多ければよいというものではありません。プロジェクトチームのメンバーと、プロダクトの成功に直接関係する人を招くのがベストです。顧客にあいさつしたことがあるというだけの理由で、管理職を含めるのは時間の無駄です。

※3 **ディープダイブ**：IDEO社が開発したイノベーションを起こす方法論

Column

プロダクト管理とプロジェクト管理の違い

プロダクト管理とプロジェクト管理の違いについて、しばしば誤解が見られます。ここで違いを明らかにしておきたいと思います。プロダクトマネージャーは、プロダクトの全体的な目標の達成に責任を負っています。時には大げさにメンバーを褒め称え、目標を達成するためのロードマップあるいは戦略を考えます。一方プロジェクトマネージャーは、細かな計画やスケジュール、作業の割り当てなどに責任を持ちます。プロダクトにとってプロダクトマネージャーはCEOのようなものであり、プロジェクトマネージャーは**COO**[※4]に相当します。別の言い方をすると、プロダクトマネージャーは「why（なぜ仕事をするのか）」に責任を持ち、プロジェクトマネージャーは「how（どう仕事をするのか）」を受け持ちます。

企業の規模や組織構造を問わず、両者の役割は明確に異なります。デザインコンサルティング会社などのようなサービス企業では通常、プロダクトマネージャーは顧客担当チームのメンバーであり、プロジェクトマネージャーはサービスチームのメンバーです。Fresh Tilled Soil社では、すべてのプロジェクトにプロジェクトマネージャーを置くことが推奨されています。顧客側からプロジェクトマネージャーを務めるという申し出があっても、Fresh Tilled Soil社は自社のプロジェクトマネージャーを置くようにしています。これによって、チームに対して最高のサポートを行えるよう配慮しています。スケジュールの更新や作業リストの管理、電話会議あるいは対面での会議の手配やデザインスプリントのスケジュール管理は、デザイナーや開発者に任せてしまうべきではありません。彼らには他にもやらなければならない重要なことがたくさんあるのですから。

※4　**COO**：Chief Operating OfficerもしくはChief Operations Officerの略で、最高執行責任者のこと

会場の確保と設営

デザインスプリントを開催する際に、場所の選択はきわめて重要です。デザインスプリント全体を通じて、1つの同じ会場を確保しましょう。会場が日ごとに変わるのは望ましくありません。ホワイトボードが消されていたり、ポストイットに書いたメモがなくなっていたりすると、作業が分断され思考が妨げられてしまいます。適度に歩き回れる空間があり、壁が広く、大きなホワイトボードがある部屋での開催をお勧めします。大人数でのデザインスプリントでは、通常テーブルと椅子を4人から6人ごとのグループに分けて配置します。Fresh Tilled Soil社では、大きな壁に、壁をホワイトボード化する塗料IdeaPaintを塗り、各グループ用に5つの空間を確保しています。そしてデザインスプリントの全期間で、同じ空間を利用できます。

すべての参加者が顔を合わせて作業することが望まれます。しかし、それぞれの参加者が離れていて、集まるのが難しい場合にもデザインスプリントは機能します。連続した日程で開催する場合、参加者が作業を行う場所ごとに1つの部屋を続けて確保し、全日程を通じて同じ場所で作業できるようにしましょう。遠隔の会場でも、準備はしっかりと行う必要があります。また、遠隔の会場で作られたアイデアをすぐにアップロードして共有できるようにしなければなりません。デザインスプリントを遠隔開催するのは容易ではありません。経験豊富なファシリテーターが必要です。時差を考慮したスケジュールの設定や、しばしば発生する技術的な問題に対処するための予備の時間も必要です。

thoughtbotで行われたあるデザインスプリントでは、顧客はニューヨークでの開催を希望しましたが、1人の参加者はオレゴン州のポートランドから遠隔で参加しなければなりませんでした。我々は全員のネットワーク接続とコミュニケーションツールを事前に2回チェックし、スケジュール管理ツールのTrello上での作業スペースを作成しました。Trelloでは、作成された図やストーリーボードあるいはワイヤフレームなどの資料が即座にアップロードされ共有できます。

備品の大量購入

我々はポストイットやマジックペンそして昔ながらの紙が大好きです。我々がスプリントキットと呼んでいる、備品一覧は以下の通りです。

ポストイット

さまざまな色がありますが、紫や青などの暗い色だと黒いペンの字が見えにくいため望ましくありません。写真に撮るとさらに見えにくくなります。最低でも、75mm四方と127mm×178mmの2種類のサイズを用意しましょう。3M社製の強粘着タイプがお勧めです。

ペン

黒または青の普通のペンで十分です。

ホワイトボードマーカー

黒と赤のマーカーを用意しましょう。

ホワイトボード

説明の必要はないと思われますが、記入には必ずホワイトボードマーカーを使いましょう。

丸いシール

投票に使います。小さくて、色がいくつかあるとよいでしょう。ポストイットの色とは異なる、赤と黄色と緑の3色がお勧めです。

A4またはレターサイズのコピー用紙

通常のコピー用紙よりも分厚いものを用意できるとよいでしょう。薄いと、インクが紙の裏ににじんでテーブルを汚してしまうことがあります。

⊝ スナック菓子

糖分と炭水化物はみんなの友だちです。

⊝ コーヒー

カフェインもみんなの友だちです。

⊝ 粘着ゴム

壁や窓に剥がし跡を付けずに物を貼り付けるのに使います。

⊝ イーゼルパッド

壁に貼り付けられる特大サイズのポストイット（762mm×635mm）です。イーゼルパッドの代わりに、至るところにホワイトボード塗料IdeaPaintを塗るというのもよいでしょう（Richard BanfieldはIdeaPaintを使っています）。

以下のものは必須ではありませんが、あると便利でしょう。

⊝ スチレンボード

厚さ1cm程度。縦横は122×183cm以上。

⊝ カメラ

（あまり古いものでなければ）スマートフォンのカメラで代用してもかまいません。

⊝ タイマー※5

とても便利ですが、なくても何とかなります。スマートフォンで代替してもよいのですが、大きなアナログ式のタイマーは参加者のやる気を引き出します。

※5 **監訳注**：TimeTimerの卓上タイマーをデザインスプリント用にお勧めしたい。http://www.timetimer.com/

Column

みなさんのスプリントキットは何ですか？

── Ethan Bagley

ポストイットの包装をはがすよりもずっと前から、デザインスプリントへの準備は始まっています。デザインスプリントが最大の成果を収められるようにしなければなりません。毎回異なるデザインスプリントに対応できるよう、備品はきちんと必要な数を揃える必要があります。用意するべきものについて、あらかじめスポンサー（プロジェクトの予算権限者）と相談しましょう。デザインスプリントの会場、参加者、作業ごとに必要な量や数に留意してください。

ポストイット、ペンやマーカー、プリンター用紙が必要なのは明らかです。計画を進めるにつれて、他のものも必要になってくるでしょう。例えば、プロジェクターを使うならケーブルや変換アダプターも必要です。時間を区切った作業では、タイマーが必要です。ホワイトボードを使うなら、ホワイトボードマーカーや字消しが必要です。ほとんどの備品は安価ですが、急に（あるいは、予期せず）必要になった時に大きな労力が必要になります。

もちろん、スプリントキットに含まれるすべてのものが単に機能だけを追求する必要はありません。参加者やファシリテーターにとっての楽しみも重要です。ウォーミングアップのためのしゃれた品物も用意しましょう。作業中にスマートフォンからアップテンポな曲を流せるように、Bluetoothスピーカーがあるとよいでしょう。エネルギー補給のための飲み物やお菓子も用意し、参加者をハッピーでヘルシーな状態に保ちましょう。

さっそく準備を始めましょう。参加者の準備が整った時には、デザインスプリントの成功のための道具も準備できていなければなりません。

Ethanのスプリントキットの内容は以下の通りです。

- とても小さなポストイット：多色セット（50mm×38mm）、200枚から300枚
- 小さな正方形のポストイット：多色セット（75mm×75mm）、1,000枚から1,500枚
- 小さな正方形のポストイット：黄色、1,000枚から1,500枚
- 中くらいの長方形のポストイット：多色セット（150mm×100mm）、50枚から100枚
- 大きな長方形のポストイット：多色セット（152mm×203mm）、50枚から100枚
- 細字ネームペン：黒、12本
- 細字ネームペン：多色セット、12本
- ペン：黒、12本
- ペン：青、12本
- ホワイトボードマーカー：黒、12本
- ホワイトボードマーカー：多色セット、各色4本から6本
- A4サイズのプリンター用紙：厚手のもの、50枚
- インデックスカード：名刺サイズ、無地、200枚
- 画鋲：100個
- 丸いシール：多色セット、200枚
- マスキングテープ：25mm幅、1巻
- テーブルに置くネームプレート：12個
- ホワイトボードクリーナー：スプレー式、1本
- ホワイトボードの字消し：1個から2個
- ディスプレイケーブルの変換アダプタ：HDMI-Thunderbolt、VGA-Thunderbolt、USB-C Digital AV Multiportアダプタ、USB-C VGA-Multiportアダプタ、HDMI-VGA、DVI-VGA、DVI-HDMIなど必要なもの
- ディスプレイケーブル：HDMI、VGA
- オーディオケーブル：ステレオミニプラグ
- タイマー：20cmくらいの大きさのもの
- スピーカー：小型でBluetoothまたはステレオミニプラグ接続できるもの

事前分析を行う

たくさんある問題の発生に備えたり、発生を防いだりするために、デザインスプリントに先立ってトラブル分析を行っておくことをお勧めします。作業の内容は事後分析に似ていますが、何も作らないうちからデザインスプリントの失敗の理由を予測するという点が異なります。iZotopeのStacey Dyerはいつも事前分析を熱心に行っており、「ある機能のどの部分がうまくいかないかを考えるのではなく、完全な失敗や大惨事を想定して対処を予測しよう」と述べています。

事前分析はスポンサー（P.114参照）とともに行える単純な作業です。まず、デザインスプリントが無残に失敗した場合を想像します。次に、失敗の理由として考えられるものを列挙します。そしてそれぞれについて、失敗を防ぎプロジェクトをより強化するための方法を検討します。

ここでは、よく発生する問題と対策をいくつか紹介します。

問題	対策
部屋が暖かすぎ、参加者が居眠りする	部屋を適切な温度に保ちます
参加者が空腹を訴える	クッキーを購入します。チョコチップクッキーがおすすめです
参加者がコンピューターを使ってばかりいる	オンラインの資料を参照する場合を除いて、デジタルデバイスの使用禁止ルールを定めます。または、ペンと紙やポストイットを多数準備して節約することなく使えるようにします。スマートフォンの電波が届かないと言われているタヒチでデザインスプリントを行うのもよいかもしれません
重要な決定を行おうという時に主要なステークホルダーがミーティングから抜け出し、戻ってきた後でその決定を覆す	関係者のスケジュールを確認し、時間を確保しておきます
デザインスプリントの途中でエグゼクティブが現れ、計画を狂わせる	デザインスプリントの初期段階から彼らを参加させるか、少なくとも方向性の決定には関与してもらいます
参加者の意欲が低下する	こまめに休憩をとります。人間が集中力を維持できるのは80分から120分間であり、ある程度の時間が経過したら短い休憩をとりましょう
参加者の作業が長引く	期限をしっかり定め、タイマーを使います

予備知識となる資料を作成し配布する

デザインスプリントの前に、それぞれの参加者に予備知識となる情報を送ってもらいましょう。これらをまとめて、全員が参照できるようにします。次に示すのは収集したい情報の一例です。

- 作成しようとしているものに関連するアプリやサイト、あるいはプロダクト一覧。関連があると思われるなら、これら以外の情報でもかまいません。

- すでに作成済みの資料(プレゼンテーション、ユーザーストーリー、ワイヤーフレーム、プロトタイプなど)。背景知識としては役立ちますが、わざわざこのために詳細な資料を新たに用意する必要なありません。デザインスプリントとは物事を前に進めるためのものであり、既存の資料とは異なる成果が得られることも多いと考えておきましょう。

- 主要な顧客についての情報(属性、ストーリー、解決しようとしている課題に対する感情など)。顧客インタビューの際の記録が残っているなら、この情報も活用しましょう。事前に必要な作業のうち、多くの時間がユーザー情報の収集に消費されることになるでしょう。収集した情報をもとにデザインスプリントに参加するユーザーを決定します。

ユーザーとのスケジュール調整

「テスト」フェーズでは、ユーザーに参加してもらう必要があります。またデザインスプリントの初日にもインタビューを行うことがあります（P.140「ディスカバリーインタビュー」参照）。顧客とともにデザインスプリントを締めくくれるのはとても有意義なことです。「理解」フェーズで発見のためのインタビューを行う場合、もう一度同じユーザーを検証にも呼ぶことは難しいでしょう。1人か2人は参加してくれるかもしれませんが、全員が2回も来てくれることはないと思われます。デザインスプリントを始める前に日程を調整しておけば、検証直前に大慌てしなくても済むでしょう。ただし、検証してもらうべきユーザーが「理解」フェーズの中で初めて判明することもあります。このような場合、初日が終わるまでは日程を調整できません。対象とするユーザーが当初と比べて変化したなら、予定をいったん取り消してより適切なユーザーと検証を行いましょう。

Steve Krugは、書籍『Rocket Surgery Made Easy：The Do-It-Yourself Guide to Finding and Fixing Usability Problems』（ロケット手術は難しいと誤解されている――自分でユーザビリティの誤解を見つけて治す方法）[※6]の中で6人か7人のユーザーに対して30分から60分のインタビューを行うのがよいとしています。これが困難な場合には、より少人数のユーザーに対する長いインタビューでもかまいません。例えば最近我々は、工場のフロアマネージャーを対象としたデザインスプリントを行いました。彼らを多数集めるのは難しかったため、6人に対して30分間のインタビューを行う代わりに2人に90分間話を聞くことにしました。このアプローチは有益な情報を多く与えてくれますが、限定された対象のためにプロダクトを作ってしまうかもしれないという懸念は残ります。インタビューの結果や、その質と量のバランスについて検討が必要です。インタビューは昼過ぎまでに終わらせて、1日を締めくくるディスカッションの準備も行いましょう。ここで参加者は意見を求められます。意見を聞くためにプロトタイプが使われることもあります。

※6 Steve Krug『Rocket Surgery Made Easy: The Do-It-Yourself Guide to Finding and Fixing Usability Problems』（New Riders Press、2009年）

ポストイットのコツ

多くの人々は、ポストイットを下からはがしているのではないでしょうか。こうすると、粘着部分が反ってしまいます。平らな壁に貼り付けても、反りは解消しません。そこで、横方向からできるだけ平らな状態を保ちながらはがしてみましょう。反りは発生せず、しかもはがれて落ちたりしにくくなります。

ポストイットのはがし方

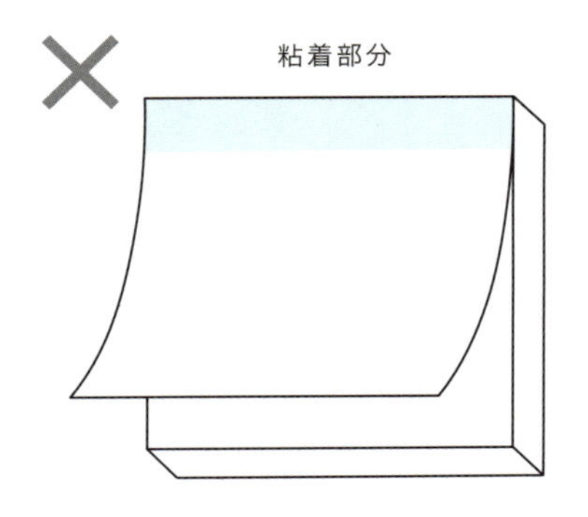

下からはがすと反り返ってしまう

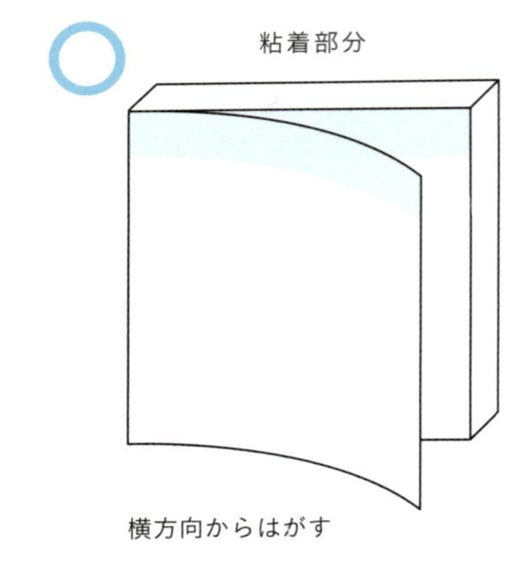

横方向からはがす

デザインスプリントの準備のまとめ

- 作業のスコープについて合意しておきましょう。狭すぎても広すぎてもいけません。
- ファシリテーターとチームのメンバーを選ぶ際には、デザインスプリントの中でさまざまな視点が混ざり合うようにしましょう。
- 各日のスケジュールを決めてチーム内に周知し、デザインスプリントで求められていることについて全員に理解してもらいましょう。
- 会場と備品を手配しましょう。
- 予備知識となる資料を用意しましょう。
- 可能なら、あらかじめ「テスト」フェーズの日時を決めてユーザーを招待しておきましょう。

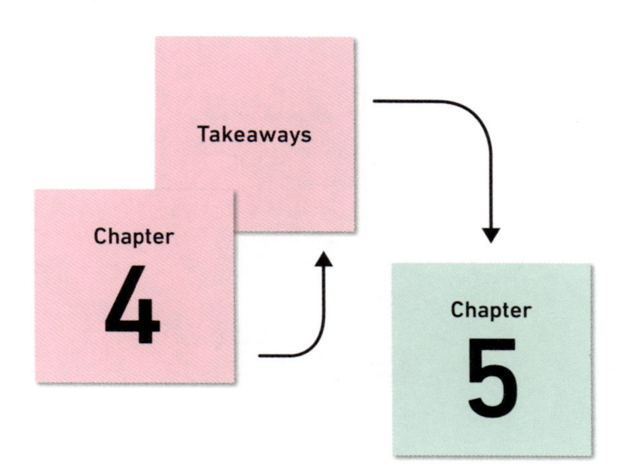

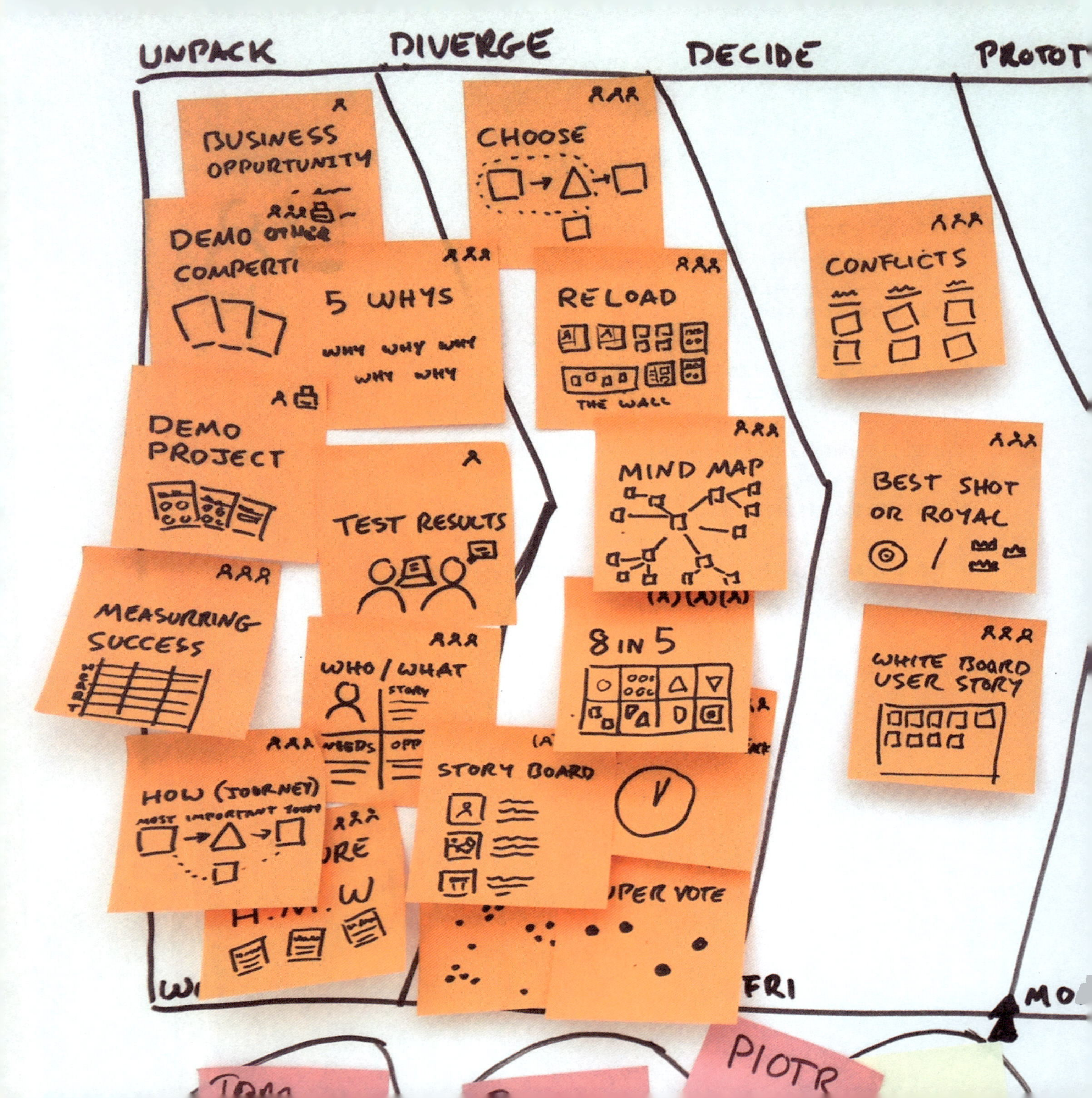
UNPACK
DIVERGE
DECIDE
BUSINESS OPPURTUNITY
CHOOSE
DEMO OTHER COMPERTI
5 WHYS
WHY WHY WHY
WHY WHY
RELOAD
THE WALL
CONFLICTS
DEMO PROJECT
MIND MAP
BEST SHOT OR ROYAL
TEST RESULTS
MEASURRING SUCCESS
8 IN 5
WHITE BOARD USER STORY
WHO / WHAT
STORY
NEEDS
OPP
HOW (JOURNEY)
MOST IMPORTANT JOURNEY
STORY BOARD
FRI
PIOTR

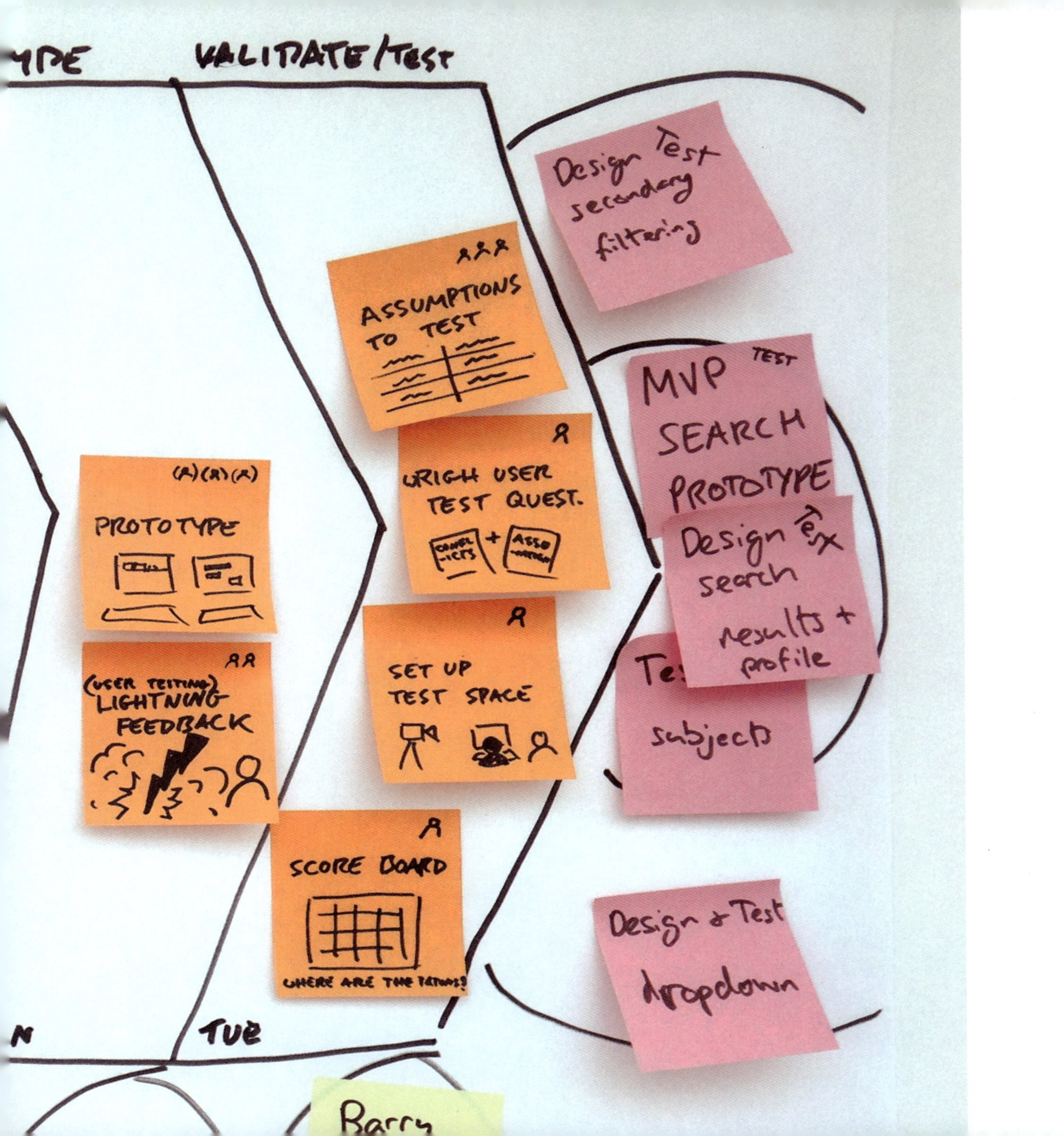

YPE
VALIDATE/TEST
Design Test secondary filtering
ASSUMPTIONS TO TEST
MVP SEARCH PROTOTYPE
TEST
PROTOTYPE
URIGH USER TEST QUEST.
Design Test search results + profile
(USER TESTING) LIGHTNING FEEDBACK
SET UP TEST SPACE
subjects
SCORE BOARD
WHERE ARE THE PATTERNS?
Design & Test dropdown
TUE
Barry

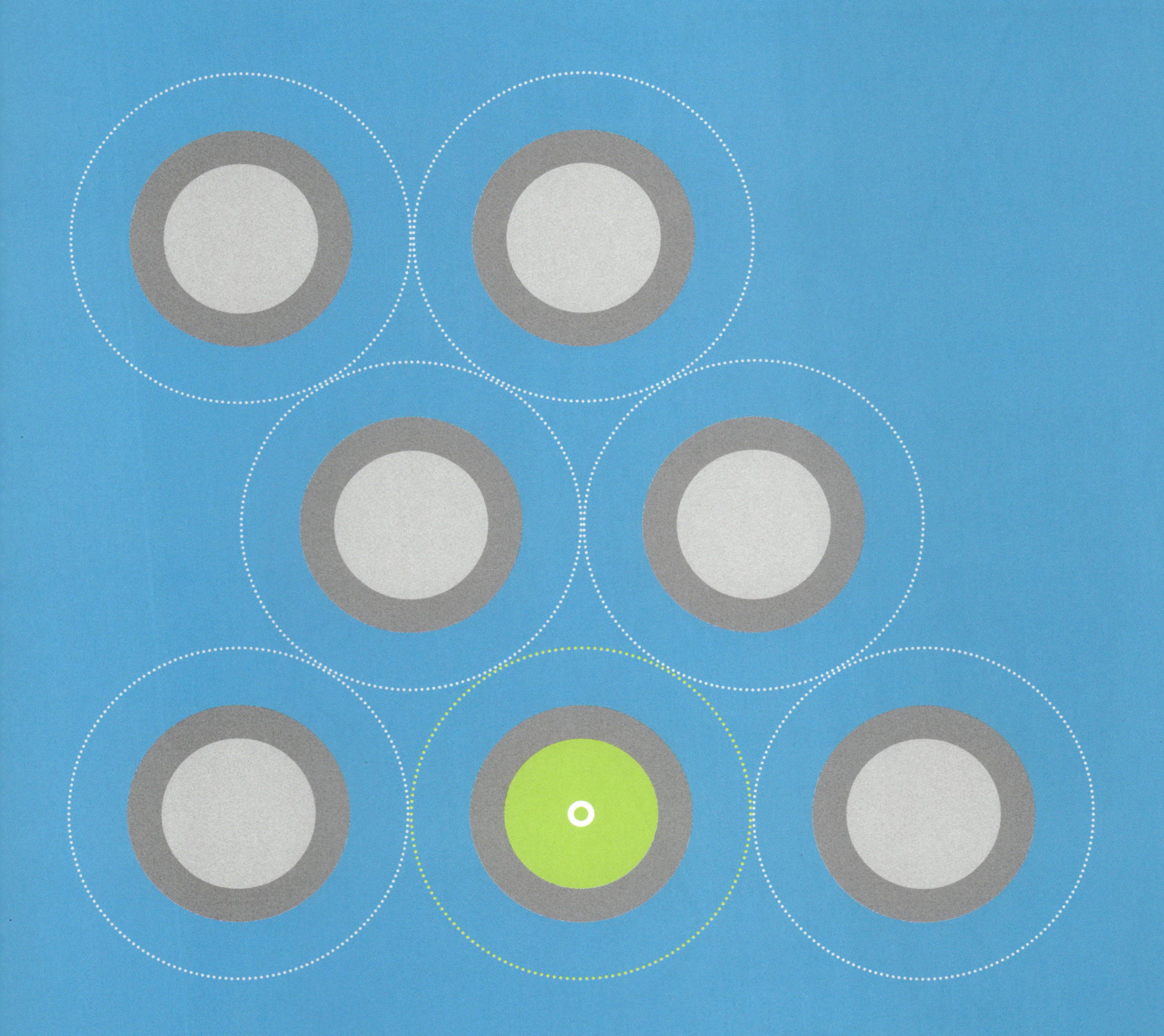

Chapter 5

フェーズ① 理解

デザインスプリントの初日の主な目的は、これから解決しようとしている課題についてチーム内で共通の認識を得ることです。初対面の参加者がいるなら、この場で知り合いになっておきましょう。お互いを知り共感を育んでおくことはこれから行うデザイン思考作業の基礎になります。この章では、和やかな雰囲気と少しの楽しさをもたらすような方法と作業を紹介します。これらの方法はアイデアのヒントを得る助けにもなるでしょう。事実と独創的なアイデアのどちらからインスピレーションを得ようとしている場合でも、ここで紹介するツールが役立つでしょう。顧客とユーザーはそれぞれどんな人物で、どんな課題を抱えているのかということがわかるでしょう。関連する状況は全員で共有し、どんな課題（ペインポイント）を抱えているのかという問いへの答えを明確に理解できるようにしましょう。もちろん、解決策の方法自体はまだ思いついていなくてもかまいません。

「理解」のフェーズで行われること

☑ **背景の理解**	1.5時間以内
☑ **ヒントを得る**	1.5時間以内
☑ **課題の定義**	1時間以内
☑ **ユーザーを知る**	3時間以内

4章でも述べたように、デザインスプリントは柔軟なフレームワークです。ただしそれぞれの状況に合わせて適応させる必要があります。必要に応じて、作業の追加や順序の変更、省略や短縮あるいは延長も可能です。それぞれの作業時間もさまざまです。例えば、ユーザージャーニーマップの作成が15分で済んだことも3時間かかったこともありました。すべてはプロジェクトごとのニーズに依存します。いずれにせよ、十分に休憩しながら、昼にはおいしいランチを取り、楽しく進めましょう。

1日ではすべての日程を消化できないかもしれません。その場合は、1日目の最後に振り返りを行い、残りは翌日に行います。ただし、以降のフェーズのための時間を確保できるように、背景を理解するための作業については時間制限を守る必要があります。

推奨されるアジェンダ

☑ **背景の理解**	- イントロダクション	15分以内
	- アイデアのパーキングロット（P.108参照）の紹介	5分以内
	- アジェンダの確認	5分以内
	- デザインスプリントでのルール	5分以内
	- ピッチの練習（1回目）	10分以内
	- 既存の研究や製品の調査	60分以内
☑ **ヒントを得る**	- 目標と目標ではないこと	30分以内
	- 既存のプロダクト、競合製品、代替品	40分以内
	- 事実と仮定	20分以内
	- QFT（質問生成技法）	15分以内（任意）
☑ **課題の定義**	- 課題の定義	30分以内
	- チャレンジマップによる課題の再認識	30分以内（任意）
☑ **ユーザーを知る**	- Who/Doエクササイズ	10分以内
	- ペルソナの作成	45分以内
	- ディスカバリーインタビュー	60分以内
	- ユーザージャーニーマップ	60分以内
☑ **まとめ**	- 1日のまとめ	15分以内
	- チームドリンク（お酒を軽く飲みに出かける）	60分から90分以内（任意）

背景の理解

この節では、関連する手持ちのデータと情報をすべて理解するのが目的です。何を知っており何を知らないのかを確認し、課題と知識の間にあるずれを把握します。先行研究や、競合あるいは類似のプロダクトについても検討します。

はじめに

チームのメンバーに、自己紹介をしてもらいます。名前とデザインスプリントのチームでの役割、所属しているプロジェクトを述べます。ファシリテーター（進行役）がまず自己紹介し、適切な自己紹介の例を示して場の雰囲気を作ります。続いて主要なプロジェクトスポンサー（P.114参照）やステークホルダーが自己紹介したら、他のメンバーが順に続きます。

各メンバーがどの程度知り合いかにもよりますが、アイスブレイク（緊張をほぐすための活動）を行いましょう。これからの数日間、厳しい時間をともに過ごしていくことになるかもしれないので、お互いに打ち解けて理解し合い、作業をしやすくなるための準備をしましょう。

→ 手順

1. この後に紹介する一覧の中から、アイスブレイクを選びます。好みのやり方があるなら、一覧にないものを使ってもかまいません。
2. アイスブレイクについて、チームに説明します。
3. 先頭を切ってこれを実践し、手本を示します。
4. 順番を決めて他のメンバーにも行ってもらい、全員が完了したことを確認します。

難易度	低
対象	グループ全体
用具	127×178mmのインデックスカード。折って使用します
禁止事項	長くしゃべりすぎること。ここで必要なのは簡単な自己紹介であり、ながながと背景や意見を述べる場ではありません
おおよその時間	1人当たり30秒から60秒

アイスブレイクの例

⊖ 言葉遊び（ワードボール）

布製のボールを用意します。何か適当に思いついた言葉を言いながら、次の人にボールを渡します。全員にボールが回るまで繰り返します。

⊖ どんな街に住んでいますか

自分の住んでいる街について話すのは誰にでもできます。自己紹介の後に、住んでいる街や近所についてなにか話してもらいます。Trace Waxが好きなアイスブレイクです。

⊖ 名前と○○を書こう

すべての参加者にインデックスカードを渡し、半分に折ってもらいます。その反対側にその週の話題や出来事、または何かのトピックについて書いてもらいます。例えばC. Todd Lombardoは最近のデザインスプリントで、パンケーキについて描いてもらいました。そこでマネージャーは、IHOPというレストランのロゴがついた車の絵を描いていました。彼はIHOPのブルーベリーシロップがお気に入りだそうです。

⊖ ここだけの話ですが、実は……

名前と社内での役職を言ってもらい、参加している他の参加者が誰も知らないと思わせる、ちょっとした秘密を話してもらいます。

⊖ 希望と心配

AtlassianのKaren Crossが教えてくれた方法です。お互いを知り合うだけでなく、プロジェクトで直面する可能性のある課題について知るヒントにもなると言っています。

> —— デザインスプリントの一番初めに、20分間のブレインストーミングを行う方法です。参加者は2色（たいていは赤と青）のポストイットを持って席につきます。参加者の人数にもよりますが、希望を3つと心配事を2つまで書いてもらいます。希望の数を2つまたは1つに制限することもあります。これらを全員が書き留め、テーブルの中央に伏せて並べます。そしてこの中から自分以外の誰かが書いたものを1つ抜き出し、書いてあることを読み上げ、その意味を自分で考えて説明します。こうすることによって、参加者は他の参加者に対して共感を持てるようになります。

自己紹介が終わったら、デザインスプリントへの参加者以外で今回のプロジェクトに関係している人々を紹介します。

アイデアのパーキングロット

続いて、アイデアのパーキングロット(Idea Parking Lot)というアイデアを蓄える概念について紹介します。デザインスプリントのセッションの中で、メインの話題とは関係のないアイデアや**アハ体験**[※1]が生まれることもあります。あるいは、初日に解決策を思いついたけれども「発散」フェーズになるまでは検討できないという場合も考えられます。アイデアのパーキングロットとは、このようなアイデアを蓄積しておくための場所です。必要になった時に、ここからアイデアを取り出すことができます。実際のパーキングロット(駐車場)とは異なり、満車になることはありません。

→ 手順

1. 壁に大きな紙(イーゼルパッドが理想です)を貼ります。
2. 上部に「アイデアのパーキングロット」と書き、車の絵を描きます。たくさん描くと楽しくなります。
3. デザインスプリント全体を通じて、デザインスプリントにマッチしないけれど残しておきたいアイデアがあれば小さなポストイットに書き留め、このアイデアのパーキングロットに貼り付けます。

難易度	低
対象	グループ全体
用具	ポストイット。Google DocsやTrelloで代用することもできます
おおよその時間	3分から5分

アジェンダの確認

デザインスプリントの初日には、やらなければならないことがたくさんあります。行うことを知らせ、皆に何が期待されているかを伝えましょう。

→ 手順

1. 印刷された日程表を見てもらいます。プロジェクタでスクリーンに表示してもかまいません。
2. それぞれの項目について、行なう作業を説明します。

難易度	低
対象	グループ全体
用具	印刷された日程表、またはプロジェクタと大きなスクリーン
禁止事項	詳細に説明しすぎること
おおよその時間	5分

※1 **アハ体験**:ひらめき、または「何かに気づいた事」を感じる体験のこと。一般的に「今まで分からなかったことがわかるようになったときの体験」のことをいう

デザインスプリントでのルール

創造的思考作業の冒頭でルールを決めるというのは、奇妙に思えるかもしれません。経験が乏しい人ほど、このような制限を設けて直感的なアプローチと相反するやり方を批判することが多く見受けられます。しかし、その批判は完全に間違いです。

ここで我々が定めようとしているルールは、すべての参加者が同じ条件で作業できることを意図しています。同僚あるいは見知らぬ人(中には高圧的な人もいるでしょう)と5日間も同じ部屋で顔を突き合わせて課題を解決していくには、何らかのプレッシャーも必要です。人間とは複雑なものです。人を1ヶ所に集めて課題を理解させ、解決策を生み出させ、評価までさせようという試みは無秩序な状態を招きがちです。デザインスプリントに参加する人々は、単にアイデアを絞り出したり物を作ってくれたりするロボットではありません。彼らはそれぞれ異なる経歴を持っており、先入観や感情や好み、そして意見もさまざまです。そこでルールを設けることによって、先入観などがもたらすリスクを軽減し、チームの全員が顧客の課題に集中できるようにします。参加者がそれぞれの政治や主観的な理由で作った解決策ではなく、課題を解決する行為そのものに集中してもらうために、ルールが必要になります。

ルールやルールを定めることは、チームにやる気を与えることにもつながります。ガイドラインは、人々がもつ制約を設けることによる創造性の発揮にも貢献できます。精神的な負担を軽減するとともに、すべての参加者による成果が平等に取り上げられ評価されることも保証できます。

デザインスプリントの中でとても重要なことの1つに、ルールを初日あるいは事前に定めるという点があげられます。権威主義的なやり方で強制してはならず、チーム全員が協力してルールを作るべきです。我々が勧めているのは、次の一覧からいくつかを選び(自分で項目を考えてもかまいません)、空欄の項目も追加した箇条書きを用意するものです。そして、参加者に手伝ってもらい空欄を埋めてもらいます。埋まらなかった場合には自分で埋めましょう。その場で項目を追加することによって、物事が進んでいるという感触を得られることでしょう。

採用しているルールの例です。
これ以外にどのような項目を追加しますか？

- →全員が参加
- →誰かが発言しているときは発言しない
- →他人のアイデアの批判を控える
- →積極的に立って絵を描く
- →居心地良く過ごす
- →人に優しく、アイデアに厳しく
- →時間を守る
- →きちんと出席する
- →スマートフォンは重ねて置いておく
- →必要のない限りコンピューターを使いません
- →略語や社内用語は禁止
- →HiPPOは禁止
- →「はい。でも…」は禁止（否定的な発言は禁止）

→全員が参加

文字通り、全員です。デザインスプリントは細かいことが気になる神経質な人のためのものではなく、発言することを苦痛に思うような内向的な人向けのものでもありません。社内やプロジェクトチーム内での役割に関わらず、デザインスプリントでは全員の参加が促されています。少数意見も全員に伝わるようにするしくみが、デザインスプリントには用意されています。また、議論に参加していない人を見つけて発言してもらうのはファシリテーターの役割です（4章参照）。

⊖ 誰かが発言しているときは発言しない

本筋から離れた会話がいくつも発生しているようなミーティングの経験はないでしょうか。デザインスプリントでは、このようなことは望ましくありません。すべてのコメントには価値があり、全員に聞いてもらうべきです。また、そうすることで複数人が同時に発言することや、声の大きい人の意見が通るといったことも防げます。

⊖ 他人のアイデアへ批判を控える

参加者がアイデアを生み出す「発散」フェーズでは、このルールが特に重要です。自分のアイデアを発表するというのは勇気のいる行為です。ここで厳しい批判が行われると、発表者の自信を失わせ、アイデアの質を下げてしまう可能性があります。後でアイデアを評価してよりよいものを選ぶ際には、別に用意された仕組みが使われます。その時には批評は必要であり、むしろ歓迎されます。ですから批評する段階に到達するまでは、非難は控えましょう。

⊖ 居心地良く過ごす

1日中座ったままあるいは立ったままでいることは望ましくありません。座りっぱなしの参加者がしばらく立っていたいと思ったり、トイレに行きたいという場合には、参加者の意志にまかせましょう。当たり前のようにも思えますが、ルールとして明確に表明することには意味があり、場の雰囲気を和らげることができます。参加者がリフレッシュした気分を保ち、最高の成果を出せるように、休憩の回数を調整しましょう。

⊖ 人に優しく、アイデアに厳しく

批判を控えるルールと関連しますが、参加者が「自分も貢献できる」と思えるような環境が望まれています。そのためには、参加者による貢献を尊重し、優しく接して貢献を促進するのが一番です。

時間を守る

時間を区切ることによって、物事をどんどん先に進めていけます。時間に関する責任は、ほぼすべてファシリテーターが負っています。制限時間を説明して合意がとれたら、その期限を守らなければなりません。例えば12時30分から昼食だと言ったなら、12時30分までに作業を終わらせましょう。そうしないと、参加者は時計を見ながら「ご飯はまだか」と思うようになり、不満と空腹でやる気が低下するでしょう。

きちんと出席する

デザインスプリントでは大変な作業が続き、多くの参加者は疲れて集中力が低下するでしょう。勝手に席を外さず、会話には積極的に参加するとともに他者の意見は真剣に聞きましょう。

スマートフォンは重ねて置いておく

誰でも、スマートフォンをいじるのが大好きです。そして今では誰でも、ミーティング中でもスマートフォンを使っています。参加者の集中を保ち、誘惑を断ち切るために、我々は参加者全員のスマートフォンを重ねて積んでもらっています。このやり方は「電話の山」(phone stack)と呼ばれています。最初にこの電話の山から自分のスマートフォンを取り出そうとした参加者には、ちょっとした罰則(コーヒーやジュースを買ってきてもらう、など)が待っています。

必要のない限りコンピューターを使いません

コンピューターとプロジェクターを使って、日程や作業の進め方あるいは資料などを全員で確認することがあります。この際、他の参加者は自分のコンピューターを使ってはいけません。使ってもよいコンピューターは、どの時点でも最大1台です。必要のない限り、デザインスプリント中にコンピューターを使うべきではありません。コンピューターを使っていると複数の作業が並行して行われることになり、会話への集中が損なわれます。メモを取りたい場合には、紙を使いましょう。画面ではなく相手の顔を見れば、意見をよりきちんと聞けるようになります。

⊖ 略語や社内用語は禁止

意味が分からないような言葉がよくあります。このような社内用語や略語は使わないようにし、参加者全員が理解できるような言葉で説明しましょう。必要なら略語リストを作って会場に置いておき、常に更新していくようにしましょう。こうすれば、例えば「BTKO」といった謎の略語の本当の意味が全員に伝わります。

⊖ HiPPOは禁止

HiPPO※2はしばしば、参加者のアイデアを踏みにじります。年長者(あるいは上の役職者)の参加者は若手の意見を妨げてはならないことを、ルールとして明文化しておきましょう。

⊖「はい。でも…」は禁止(否定的な発言は禁止)

「でも」には、その前の部分は正しくないという意味合いがあります。つまり、「はい、でも」というのは実質的には否定を表しています。否定という意思を示すこと自体には問題はありませんが、「はい」という言葉が逆効果を招いてしまう可能性があります。デザインスプリントでは議論や否定は避けられませんが、直前のアイデアを受けて「はい、そして…」または「はい、なぜなら…」と否定せずに言葉を続けることが可能です。

これらのルールに反したふるまいを見かけたら、はっきりと指摘しましょう。自分がルールに反していると気づいたら、ルール違反を自分で自分に指摘しましょう。そして周りの人から指摘を受けたら、素直に行いを認めて改めましょう。
これからの数日の間守るべきルールを確認したら、いよいよデザインスプリントの作業が始まります。それでは次の手順に進みましょう。

※2 **HiPPO**:「Highest Paid Person' s Opinion(高給取りの横やり)」の略です。このせいで、物事が台無しになることがよくあります

ピッチの練習※3

プロジェクトの**スポンサー**※4は各日の最初に、ビジネスチャンスや市場そして解決しようとしている課題についてチームに説明します。
この説明によって、全員が今回のデザインスプリントの背後にある意図を理解できます。同時に、スポンサーは1週間を通じてプロダクトを簡潔に説明するための練習を積むことができます。新しい情報や主張あるいは意思決定が追加されるたびに、プレゼンテーション資料の内容は更新されていきます。

→ 手 順

1. プロジェクトのスポンサーに、各日の最初に短い説明を行ってもらいます。スライドがあれば使います。説明は2分から3分にまとめてもらいます。
2. 説明の中で、ビジネスチャンスとマーケット、そして解決しようとしている課題について触れられているかを確認します。
3. 簡単な質問を受け付けてもかまいませんが、あまり議論はせず残りの作業に時間を充てるようにします。

難易度	低
対 象	グループ全体
用 具	スポンサーの頭脳、必要に応じてスライド
禁止事項	スポンサーが延々と話し続けること。この対策として、延々と続けてなにもなし（On-and-On-Anon）という12ステップの矯正プログラムがあります※5。スポンサーにも時間制限は必要です
おおよその時間	5分から10分
考案者	thoughtbotのAlex Baldwin、Jared Spool（On-and-On-Anonというジョークを考案）

※3 **ピッチ**：製品の説明や紹介ではなく、アイデアを売り込むために短い時間で行うプレゼンテーション。エレベーターピッチが有名

※4 **スポンサー**：プロジェクトの最終決済権をもち、プロジェクトオーナーを承認する立場の人間。
組織内でそのプロジェクトの資金を支援する立場。エグゼクティブスポンサーという場合もある

※5 **監訳注**：実際にはこのような矯正プログラムはありません

Problem
Social Determinants
(food,housing,transportation)
1/5th of Healthcare
Spending
+
60%
60% of Health
Outcomes

既存の研究や製品の調査

ピッチの練習に続いて、このプロジェクトの背景や動機について全員でより深く考察します。現時点での知識を共有することによって、誤解を防ぐことができ、さらに新しいものを生み出せるようになります。

→ 手 順

1. 「以前おこなっていたことがデザインスプリントと相反するとしても、本当に望ましいものであれば形を変えて取り込む機会がちゃんとあります」ということを明確にします。
2. 背景となる情報や、デザインスプリント以前に行われた調査について簡単に検討します。
3. 課題の領域について、まだ共有されていないような資料や知識があれば共有します。
4. 同様の課題を解決するために、すでに自社内で行われてきた活動やすでに存在するアプリあるいはプロトタイプを調査します。

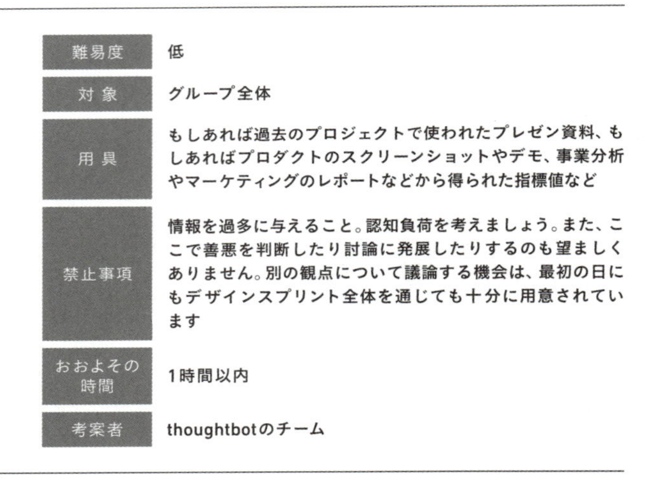

難易度	低
対 象	グループ全体
用 具	もしあれば過去のプロジェクトで使われたプレゼン資料、もしあればプロダクトのスクリーンショットやデモ、事業分析やマーケティングのレポートなどから得られた指標値など
禁止事項	情報を過多に与えること。認知負荷を考えましょう。また、ここで善悪を判断したり討論に発展したりするのも望ましくありません。別の観点について議論する機会は、最初の日にもデザインスプリント全体を通じても十分に用意されています
おおよその時間	1時間以内
考案者	thoughtbotのチーム

ルールが決まり、背景となる情報を共有できたなら、次はすばらしいプロダクトを作るためのひらめきを探求しましょう。

Dealing w/ many fin. entities
Need guidance/ advice

ヒントを得る

新しい可能性について考える時には、思考の出発点を決めておくとよいでしょう。そうすれば、さまざまな選択をしていく際に役立ちます。実際のプロジェクトでは、何が成功をもたらすのか理解することが重要です。チームの全員が、それぞれ異なる成功のイメージを持ってプロジェクトに参加しています。ゴールについて詳細に理解していれば、1700年代の航海における北極星のように、方向性やインスピレーションを容易に得られます。

目標と目標ではないこと

ここではプロジェクトの目的を定義し、参加者全員で同意します。プロジェクトが予期しない方向に逸脱するのを防ぐという効果もあります。

→ 手順

1. ホワイトボードに2列の表を描きます。1つの列は目標を表し、もう1つはプロジェクトにとって明らかに目標ではないことを表します。
2. プロジェクトでの目標について、チームでブレインストーミングを行います。ここで議論されるべきなのは大まかな目的であり、細かな機能ではありません。例えば「生産効率を向上させて年間7,500万ドル節約する」というのは大まかな目的として適していますが、「ユーザーが節約のためのアイデアを提案できるようにする」というのはひとつの機能です。
3. 目標が発表されるたびに、その目標が今回のデザインスプリントで目指すべきなのかそれとも以降のプロジェクトで取り上げるべきなのかを議論します。今回扱わないものについては、「目標ではないこと」の列に移動します。
4. 続いて、「目標ではない」こと、つまりプロジェクトの成功にとって必要ないものについてブレインストーミングを行います。
5. 重要な目標を3つ選び、さらに最も重要なものに下線を引きます。
6. 目標一覧の写真を撮ってアップロードし、後からいつでも参加者が参照できるようにします。

難易度	低
対象	グループ全体
用具	ホワイトボードとマーカー
禁止事項	目標ではなく機能を列挙したり、あまりにも多くの目標を列挙してしまったりすること。欲張ってすべてを実現しようとすると失敗に終わるでしょう
おおよその時間	30分
考案者	Graham Siener ※6

※6 「Inception：Knowing what to build and where you should」(Pivotal Labs、2013年7月1日)
starthttps://blog.pivotal.io/pivotal-labs/labs/agile-inception_knowing-what-to-build-and-where-to-start

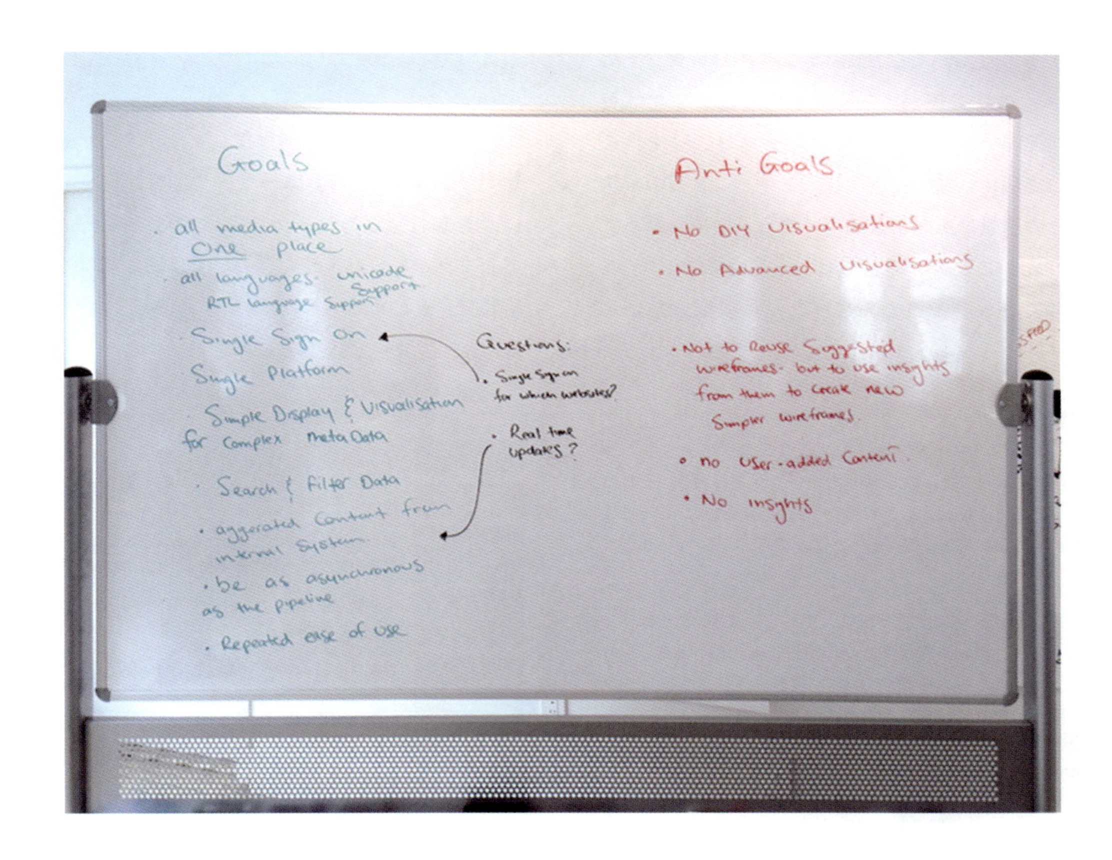
Goals
· all media types in One place
· all languages. unicode Support
RTL language Support
· Single Sign On
Single Platform
· Simple Display & Visualisation for Complex Meta Data
· Search & Filter Data
· aggerated Content from internal System.
· be as asynchronous as the pipeline
· Repeated ease of use
Questions:
· Single Sign on for which websites?
· Real time updates?
Anti Goals
· No DIY Visualisations
· No Advanced Visualisations
· Not to Reuse Suggested wireframes- but to use insights from them to Create new Simpler wireframes.
· no User-added Content.
· No insights

既存のプロダクト、競合、代替品

他の業界での類似した解決策から、ヒントを得られることがあります。競合他社に関して調査したり、異なるプロダクトでの優れた解決策を何らかの方法で再現できないか検討したりするのもよいでしょう。デジタルプロダクトの分野では、多くの解決策がすでに生まれています。既存のものを再発明するのではなく、他の業界での解決策を自らの課題に適用できないか考えましょう。これらの解決策は、あなたの課題にそのまま適用できるものではなくてもかまいません。ここでの目標はヒントを得ることです。ヒントを受けたり便利そうだと思ったり、真似したいと思ったアプリやスクリーンショット、スケッチやWebページなどを印刷して見渡せるようにしましょう。オンラインで表示できるものについては、プロジェクターを利用してもよいでしょう。

ただしパンドラの箱を開けてしまうリスクがあることも注意しておきましょう。ユーザーや顧客が何を解決してほしいかを忘れ、既存のものをどう模倣するかに気を取られてしまうかもしれません。ここでは深入りは避け、広く浅い調査にとどめるべきです。

→ 手順

1. コンピューターやスマートフォンをプロジェクタの大きなスクリーンに接続します。既存のサイトやアプリがある場合、それについて知っている人に紹介してもらい、参加者の視点からとらえなおします。どこがうまく機能し、どこが機能していないかについて議論します。
2. 競合あるいは代替のプロダクトを探してもらいます。見つかったものはスクリーン上に表示するか、印刷して壁に貼ります。それらについて、強みと弱みを議論します。また、デジタルプロダクト以外に現実の世界では何が使われているか（例えば、イベントの参加者受付の際には紙と鉛筆を使っている、など）についても検討します。
3. 他の業種でのアプリやサイトに対しても、同様の調査を行います。例えば、真似したくなるようなユーザー登録のフローやデータの見せ方を探します。
4. ヒントを受けたものを書き留めておきます。スクリーンショットを貼り出した場合は、それぞれの参加者が最も気に入った箇所にポストイットまたは丸いシールを貼ってもらいます。

難易度	低
対象	グループ全体
用具	チームにとってのヒントになるような何かについて、プロジェクタのスクリーンに表示あるいは印刷したもの
他の作業との関係	生産的な活動として有益で、デザインスプリントの初期段階で行うことが望まれます
禁止事項	深入りのしすぎや、時間をかけすぎること
おおよその時間	30分から45分
考案者	thoughtbotのチーム

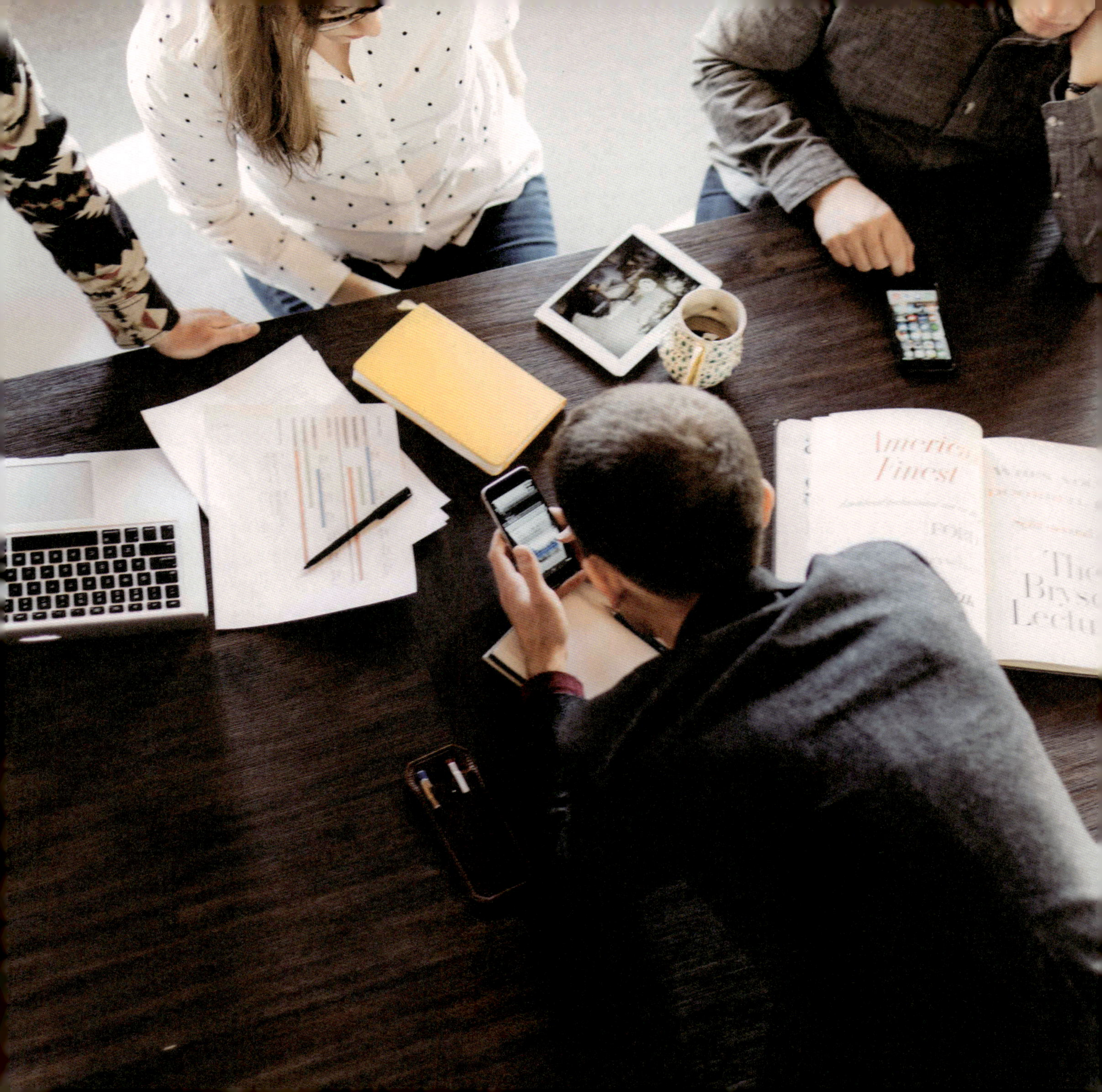
Finest

事実と仮定

ヒントを得るためのもう1つの方法として、各自が持っている仮定または先入観を発表しあうというものがあります。これによって、全員がその先入観を認識し、必要ならそれを克服できるようになります。人間はどうしても思い込みや先入観を持ってしまうものです。偏見は捨てましょう。先入観は我々の判断に悪い影響を与え、正しい問題解決を妨げることがあります。困難な課題を解決して新たな道を開けるようになるためには、思い込みによって作られた制約や習慣を打ち破り、先入観を排除しなければなりません。アインシュタインも「問題を生み出したのと同じレベルの思考では、その問題は解決できない」と述べています。課題に対して考えられるすべての仮定を洗い出すことで、問題の解決策を考えることが可能になります。事実と仮定で先入観や偏見を減らすことができます。

単純な例を1つ紹介します。「昨日私はスーパーマーケットに行きました。お腹が空いていたので、リンゴを1個買いました」という文の中に、いくつの先入観が考えられるでしょうか。きっとみなさんの想像以上に多くあるはずです。まず、空腹だからリンゴを買ったという因果関係についての先入観があげられます。我々はみなさんのことをよく知りませんが、リンゴを食べたかったらお店に行く前にまず戸棚や冷蔵庫の中を探すのではないでしょうか。また、スーパーマーケットにリンゴがあるというのも先入観です。確かに、一般的にスーパーマーケットにはリンゴが置かれています。しかし季節や地域によっては、必ずリンゴがあるとは限りません。したがってこれも先入観です。

このような小さな仮定や先入観、思い込みをプロジェクトのスタート時点で特定できていないとみなさんはこの先もずっと苦しめられることになります。

ここでの作業によって、どのデータが既知でどのデータが未知かを特定できます。参加者がどのような先入観を持っているのかがわかるという、さらに大きな効果もあります。確証バイアス（自らの仮説に合った情報ばかりを重視し反証する情報を無視または軽視する傾向）を最小化し、直近の課題について参加者全員が状況を共有できます。また参加者間でどのような知識のギャップがあるかを特定するのにも役立つでしょう。

→ 手順

1. 3分から10分間で、各自が考える事実と仮定について参加者に書き出してもらいます。1つの事実や仮定ごとに、ポストイットを1枚ずつ使います。「事実」を記入するポストイットの色と「仮定」を記入するポストイットの色は別々にします。
2. 仮定が記入されたポストイットを壁や掲示板に貼ってもらい、全員で共有します。
3. 異議が申し立てられた「事実」については、「仮定」のポストイットに書き換えます。
4. 以上のディスカッションの中で浮かび上がった疑問点を記録します。
5. 参加者のうち2名を選び、壁やボードに貼られた「事実」と「仮定」のポストイットを類似性にもとづいてグループ化してもらいます。
6. 2分か3分ごとに別の2人に交替してもらいながら、すべてのポストイットがグループ化されるまで作業を続けます。交替した参加者は、そこまでのグループ分けを変更してもかまいません。
7. 半分程度のポストイットがグループ化されたら、その時点でグループ化の作業を行っている参加者がグループのカテゴリー名を決め、中判のポストイットに記入して貼ります。

難易度	**高**
対象	**個人、ペア、グループ全体**
用具	**ペン、中判のポストイット、小さいポストイット（2色）**
他の作業との関係	**物を作り出す作業として、デザインスプリントの初期段階で行う作業として適しています。必ず、全体の意見をまとめる前に行います**
禁止事項	**疑わしい事実を検証しないままにすること。「事実」にも「仮定」にも、異議を申し立ててかまいません。「事実」と「仮定」を十分に検証していない段階で、先走って意見をまとめることも禁止です**
例	**「現在の顧客のうち9パーセントは機能Xを利用している」というのは「事実」で、「現在の顧客は機能Xの使い方を知らない」というのは「仮定」です**
おおよその時間	**20分から30分**
考案者	**Constant ContactのInnoLoftチーム。Assumption StormingのCraig Launcherからヒントを受けて考案**

QFT（質問生成技法）

思い込みや偏見に加えて、我々は多くの疑問を抱えています。例えば「これはうまくいくだろうか」「私のアイデアは自分が思っているほどよいものだろうか」「ユーザーは今、この課題をどう解決しているのだろうか」「我々の組織がこの課題を解決するには、どのような方法が最善だろうか」といった疑問が考えられます。ブレインストーミングのように疑問を列挙していくアプローチは、解決しようとしている課題を理解するためにきわめて有効です。ヒューレット・パッカードの元CTOであるPhil McKinneyは、経済界での「問いかけ」の専門家を自認しています。よい疑問を生み出すことが創造的な問題解決につながると考え、以下のように述べています。「大人になるにつれて、好奇心が失われていくというのは問題です。マンネリに陥り、特定の分野だけでの専門家になりがちです」。The Right Question Instituteの共同創業者Dan Rothsteinも、「問いかけ」を人文科学として研究しています。以下のように言っています。

> ――「疑問」というものは目的を持って注意深く扱えば、効果的で洗練されたツールになります。思考の幅を広げ、新しいアイデアを触発し、自分には無理だと思えるようなことに対しても大きな力を与えてくれます。

Danともう1人の共同創業者であるLuz Santanaは、QFT（Question Formulation Technique：質問生成技法）と呼ばれる手法を考案しました。QFTは当初、先生が子供たちに質問の仕方を教えるための方法として作られました。その後、QFTがプロジェクトの中でも利用でき、「問いかけの生成」が面白いチャンスに気付けるかもしれないことがわかりました。

QFTを実行すると、ある話題についてそれぞれの参加者が抱いている疑問点を表面化することができます。疑問点を共有することによって、チーム内での意思統一も期待できます。

→ 手順

1. 疑問の範囲を示します。この範囲の中で探求を行います。
2. QFTでのルールについて、次のように参加者に伝えます。
   - a できるだけ多くの「問い」を考えます。
   - b 「問い」に対する解答や判断、あるいは議論を行ってはなりません。
   - c すべての「問い」は、発言された通りに書き留めておきます。
   - d すべての表明や発言は、疑問文として表現します。
3. 制限時間を決めます。
4. 「問い」はポストイットに書いて貼り、好みの順に並べ替えます。

難易度	低
対象	個人、グループ
用具	ペンとポストイット
他の作業との関係	この作業は拡散を伴う作業なので、デザインスプリントの初期に行うべきです。「事実と仮定」(P.123参照)の前か後に行うとよいでしょう。作業を収束させるために、答えを得るべき重要な疑問を投票で選んでもかまいません
禁止事項	疑問に回答すること。疑問に回答するのは絶対に避けるべきことです。また、制限時間を超過するのも禁物です
おおよその時間	5分から15分
出典	QFTに関する著作権表示:©The Right Question Institute (http://rightquestion.org)、2011年。許可を得て掲載

ここまでの作業で、進むべき方向が見えてきたと思います。ヒントを得て、課題についてより深く探求するための準備ができました。誰かに課題を示されたら、ほとんどの人はすぐに課題解決の方法について考え始めてしまいがちです。しかし、ここでは課題そのものについての「問い」を考えるのが大事です。解決策について考え始めたら、課題についてより深く理解する機会が失われてしまいます。

課題の定義

解決しようとしている課題は、一体どのようなものでしょうか。残念なことに、我々がともに作業を行ってきたチームや顧客の多くは、このきわめて重要な問いを見過ごしています。ほとんどのデザイナーやエンジニアは、デザインや開発だけを行うよう訓練されてきています。そのため、ものを作り納品することに気を取られ、自分がなぜそれを作ろうとしているのかという理解がおろそかにされがちです。作られはしたものの、まったく使われていないデジタルプロダクトはよくあります。これから紹介するいくつかの例は、みなさんも聞いたことがあるかもしれません。

ビデオチャットを行えるAirtimeというWebアプリは、2012年6月5日のサービス開始前は大きな話題を集めていました。Airtimeを作成したのは、Napsterを開発したShawn FanningとSean Parker（彼はFacebookの立ち上げにも関わっています）です。若干のトラブルはありましたが、彼らは何度もトークショーを行い、レコード業界の誰もが羨むようなド派手なサービス開始記念パーティーを開催しました[※7]。Airtimeには3,300万ドル（約36億円）の資金が投入されましたが、16ヶ月後にはユーザーはほとんどいませんでした[※8]。

彼らは一体どのような課題を解決しようとしていたのでしょうか。当時、SkypeやGoogleハングアウトそしてAppleのFacetimeが同種のニーズをすでに満たしており、Airtimeが新たに解決してくれた課題はほとんどありませんでした。Airtimeがビデ

※7 「Big Celebs, Big Ideas：The Double-Edged Sword of a Big Flashy Launch」（Erin Griffith、2012年6月5日）
https://pando.com/2012/06/05/big-celebs-big-ideas-the-double-edged-sword-of-a-big-flashy-launch/

※8 「There Is Literally No One Left on Sean Paeker's Airtime」（Milo Yiannopoulos、2013年10月28日）
http://kernelmag.dailydot.com/features/report/6428/there-is-literally-no-one-left-on-sean-parkers-airtime/

オチャットを利用する際の課題により深く注目していたなら、より良い解決策をめざせたはずであり、作りはしたけれど誰も目を向けてくれないなどということはなかったでしょう。

また、モバイルデジタルプロダクトの1つだったAndroid携帯をFacebook携帯に変えるFacebook Homeを使ったことがある人もいるでしょう。結局我々はFacebook Homeを使いませんでした。このアプリにはまったく使う意義を感じられません。「ユーザーを自社アプリに囲い込む」というFacebookにとっての課題は解決されたのかもしれませんが、ユーザーにとっての本当の課題やニーズにはまったく考慮されていませんでした。ユーザーや顧客のためではなく、自社にとっての課題を解決するためにデザインスプリントを行おうとしている企業は今も多数見受けられます。

解決しようとしている課題を理解するためには、現在のユーザーのふるまいについて得られている情報を、理解しなければなりません。この段階に至るまでに、みなさんは手持ちのデータや情報についての分析や、事実と仮定そして疑問点の検討が済んでいます。次は、ユーザーが直面している課題について検討する番です。関連する課題や、無関係にも思える課題の有無を調べましょう。ここでの目的は、課題の背景を可能な限りすべて明らかにすることです。

課題の定義

対象の課題を理解していなければ、よい解決策は生み出せません。全員で課題を定義することによって、チーム内で理解を共有でき、これ以降のデザインスプリントの中で、道しるべとなるでしょう。解決するべき課題に沿ったアイデアを生み出せるようになり、別の課題を解決できそうなすばらしいアイデアはアイデアの蓄え（パーキングロット：駐車場）に追加できます。

→ 手順

1. 75×127mmの大きなポストイットを参加者に配り、ターゲットのユーザーが抱えているであろう課題を書き出してもらいます。1つの課題ごとにポストイットを1枚使います。以下のように問いかけると、作業を始めるきっかけになるでしょう。

   a 行われなければならない作業※9は何ですか？

   b このプロダクトやサービスはどのような課題を解決しようとしていますか？

   c ユーザーが望んでいる、あるいは必要としているものの背景には、どのような動機がありますか？

   ポストイットをホワイトボードに貼り、類似の課題ごとにグループ化します。必要に応じて、線を引いて区切ります。

2. 課題の定義について議論し、解決しようとしている一般的な課題について合意します。
3. 課題の定義を手直しし、最終的な文言を決定します。
4. 課題の定義をホワイトボードに大きく書くか、大きなポストイットに記入して常に見えるようにします。ここで定義された課題から議論が大きくそれた際に、いつでも立ち戻れるようにすることが大切です。

難易度	中
対象	グループ全体
用具	ホワイトボード、マーカー、大きなポストイット
禁止事項	いくつもの課題を提示して、すべての人々の課題を一度に解決しようとすること。可能な限り、「そして」や「または」といった接続詞は使うべきではありません。また、この時点で急に課題を解決しようとしてもいけません。ここでは課題を理解することが重要です
おおよその時間	20分
考案者	thoughtbotのチーム

※9「Jobs to Be Done」（Clayton Christensen Institute）http://www.christenseninstitute.org/key-concepts/jobs-to-be-done/

Students don't Receive enough guidance on how to develop the skills that will enable them to learn and flourish.

チャレンジマップによる課題の再定義

課題を定義できたら、次は手持ちの情報を元に課題をとらえなおします。すべての情報と照らし合わせると、当初の仮説が誤っていたことに気づくかもしれません。誤りに気づくということはデザインスプリントのプロセスが正しく機能しているということを示しており、よいことです。前にも紹介しましたが、誰からも必要とされたり望まれたりしていないプロダクトのエピソードにはこと欠きません。

ここで課題をとらえなおす必要があるのはなぜでしょうか。組織での考えや行動が、顧客やユーザー（代金を支払ってくれる顧客とユーザーは同じとは限りません）からの視点を軽視して、自ら求めるプロダクトや機能という切り口でしか行われないことがよくあるからです。

例えばみなさんが靴下を購入した時のことを思い出してみましょう。今までに何度も靴下を購入したことがあると思いますが、必ず左右の組みで売られていたはずです。

名高いデザインファームFrog Designでプロダクトデザイナーを務めるJonah StawとArielle Eckstutは2003年、履こうとしている靴下が片方しか見つからない課題の解決策を考えている際、それなら片方だけの靴下を適当に合わせればいいんじゃないかと冗談を言い合っていました。そこからLittleMissMatchedという靴下ショップを生み出すヒントが得られました。彼らは「片方だけ見つからない靴下がある」という課題を、「余っている靴下を組み合わせて履けばよい」、さらに「柄が合っていなくてもそれは素敵なんだ！」ととらえなおしました。そして、色使いは同じでも柄が異なる3つの靴下を組みにして売り出したのです。スーツを着てウォール街を歩くビジネスウーマンには見向きもされませんでしたが、小学生の女の子たちには大ヒットしました。

そして、聞くところによるとこの会社は年間3,000万ドル（約32億円）もの売上を得たとされています。

課題をとらえなおすことによって、とても大きな成果を得る可能性が生まれます。また、ユーザーの喜びにつながるような、ちょっとしたヒントが見つかることもあります。すべてはみなさんの見方次第であり、文脈が定まった後に視点を変えられるかどうかにかかっています。例えば、アムトラック鉄道によるボストン-ニューヨーク間の移動の体験を改善したいとします。その方法をエンジニアに尋ねたら、レールの構造や列車の振動吸収装置、快適な座席など、さまざまな提案をしてくれるでしょう。一方、このようなシステムやインフラ面での改善を行えるような予算があるなら、優秀な給仕人を雇って一級品のお酒とおいしい料理を乗客に提供するというのも可能でしょう。そうすれば、乗客は今より長距離の乗車を望むようになるかもしれません[※10]。
ここでは、快適な乗車をめざすという構造面での課題が体験の創造へと捉えなおされています。このような改善であれば、実現ははるかに容易です。解決しようとしている課題を再定義する際には、このような細かな事柄を追求するのもよいでしょう。

ここで役立つのが、チャレンジマップを作るという作業です。「なぜ?」と「妨げるのは何?」という問いかけ（チャレンジ）を通じて、それぞれの可能性の関係性を浮かび上がらせます。現在の課題に関するチャレンジマップを作成すると、解決策に至る道順を妨げている要因が明らかになります。ある領域について作業を始めても、実はそれが注目するべき領域ではなかったと気づくこともしばしばあります。チャレンジマップがあれば、これまでに特定されている課題について探求でき、言い換えや再定義、あるいはまったく別の課題の解決が必要かどうかを判断できます。

※10 TEDでのRory Sutherlandによる講演より。http://www.wbur.org/npr/308752278/brand-over-brain

チャレンジマップ

→ 手 順

1. チームをペアまたは小さなグループに分割します。
2. 定義された課題を大きなポストイットに記入し、ホワイトボードやイーゼルパッドの中央に貼ります。課題に続けて、「そのためには?」と記入します[※11]。
3. 最初の課題について、「なぜこれが必要なのか」と各グループに問いかけます。
4. この問いかけへの回答を別のポストイットに記入し、最初のポストイットの上に貼ります。ここにも「そのためには?」と記入します。この回答に対しても「なぜこれが必要なのか」と問いかけ、同様の手順で上方向にポストイットを伸ばしていきます。お金をより多く得るなどといった根源的な課題に到達するまで繰り返します。
5. 複数の理由が考えられることもあります。このような場合には、それぞれの回答を左右に並べて貼ります。
6. 「そのためには?」と示された課題のそれぞれについて、「それを妨げるものは何か」と問いかけます。この問いかけへの回答も、「そのためには?」の形式の課題に書き換えてポストイットに記入し、元の課題の下に貼ります。
7. 妨げるものについても、複数ある場合には左右に並べて貼りつけます。
8. そして根源的な課題に至るまで、同様の手順を繰り返します。
9. それぞれのポストイットの内容について全員で検討し、課題の定義として、さらに適切なものはないか探します。もしあれば、そのポストイットを使って課題の定義を修正します。

難易度	高。とても高い
対象	ペアで行うのが望ましい
用具	イーゼルパッド、大小のポストイット
禁止事項	5人以上のグループで作業を行うこと
他の作業との関係	デザインスプリントの前または初期段階に行うことによって、課題の解決に取りかかる前に課題について検討できます
おおよその時間	15分から20分。プロジェクトのサイズや性質によって、これより長くなることもあります
考案者	Min Basadur

※11 原書では、課題の文の前にHow might weあるいは略してHMW(…にはどうすればよいか?)と記入している

BUSINESS for our CMRS?

BIZ NESS!

HMW... INCREASE CMR VALUE ↑ PROFITIBILITY

HMW... INCREASE OUR CMRS MKT SAVVY

HMW... GET THEM TO MARKET their BIZ MORE

HMW... INCREASE OUR CMR SUCCESSES?

HMW... FREE UP OUR CMRS TIME?

HMW... MAINTAIN CMRS LONGER?

HMW... PROVIDE MORE EDUCATION IN BUSINESS?

HMW... GENERATE LEADS for OUR CMRS?

HMW... MAKE things SIMPLER? (for them)

HMW.. CONNECT OUR CUSTOMERS IN A RELEVANT MANNER?

HMW... MAKE THEM AWARE of EACH OTHER?

HMW... DEFINE WHAT IS RELEVANT for THEM?

HMW... IDENTIFY the RIGHT CONNECTIONS?

HMW... NAVIGATE LEGAL LANG.? for T+C's

HMW... TEST WHATS RELEVANT in a CONNXN?

HMW.. MINE OUR DATA TO LEARN THIS?

HMW... GET OUT OF OUR OWN FUCKIN' WAY?

HMW.. HIJACK BIG DATA!

HMW.. ?

ユーザーを知る

成功を収めるためには、プロジェクトやプロダクトあるいはサービスを取り巻くすべての関係者やステークホルダーを理解することが大切です。

他の人が何と言おうとも、みなさんが作成しようとしているプロダクトを購入し利用するのは人間です。したがって、作業の中心に人間を位置づける人間中心設計の考え方はとても重要です。ペルソナの手法を、どのような人間かを説明する際に使うととても有効です。
ペルソナとは、それぞれの人間像の構成要素を元に、プロダクトを利用する人間像ごとにユーザーのタイプを表現したものです。ペルソナは、想像で作りますが、顧客やユーザー情報を基づく知識やデータによって作るため、架空のものではありません。ペルソナはデモグラフィック（人口統計的）データよりもコンテキストや属性、ふるまいに着目したものです。以前にペルソナを作成したことがあるなら、それはすばらしい経験です。作業を速めることができ、仮定の正しさの再検証にも利用できます。必ずしもペルソナを定義していなくても、問題はありませんが、どのような人々のために課題を解決しようとしているのか知る良い機会です。

ユーザーと顧客、そしてペルソナの違いを定義することは重要です。自明だと思われがちですが、ここで再確認しておきましょう。ユーザーとは、プロダクトやサービスを利用する人を指します。プロダクトを購入する人や管理する人は、ユーザーでないかもしれません。また、ユーザーは顧客とは限りません。例えば、GoogleのAdWords広告にとっての顧客は広告主であり、彼らが広告料を支払っています。そしてユーザーとしては、レポートを確認するマーケティングディレクターらがあげられます。お金を払うのが顧客で、プロダクトを利用するのがユーザーです。顧客がユーザーでもあるという場合も考えられますが、必ずしもそうとは限りません。しかも、複数の側面を持った市場もあります。**Airbnb**[※12]や**Lyft**[※13]といった何らかの価値を提供するアプリでは、複数の種類のユーザーが存在します。つまり、複数のステークホルダーが存在する状況です。

書籍『ゲームストーミング』[※14]を執筆した筆者の友人の1人が、Who/Doエクササイズという手法を考案しました。この作業はステークホルダーのエコシステムや全体像を理解する取っ掛かりとしてとても有効な手段です。「どのようなステークホルダーがいるのか」と「それぞれのステークホルダーにどんなプロダクトを使ってほしいのか」という2つの簡単な問いに答えを出すだけです。

ステークホルダーを特定できたら、そのステークホルダーについての情報をより具体化することができます。Who/Doエクササイズで得られたすべてのステークホルダーについて考慮する必要はありません。1人か2人を具体化できれば十分でしょう。

※12 **Airbnb**：民泊支援サービス。https://www.airbnb.com/

※13 **Lyft**：カーシェアリング支援サービス。https://www.lyft.com/

※14 Dave Gray、Sunni Brown、James Macanufo『Gamestorming A Playbook for Innovators, Rulebreakers, and Changemakers』（O'Reilly Media、2010年）。和書は『ゲームストーミング―― 会議、チーム、プロジェクトを成功へと導く87のゲーム』（オライリー・ジャパン、2011年）

Who/Doエクササイズ

→ 手 順

1. 2つの列からなる表を作成します。左の列は「Who」（誰が?）を表し、右は「Do」（何をする?）を表します。
2. グループに対して、「ステークホルダーは誰ですか?」「弊害になりそうなのは誰ですか?」「プロジェクトの成功にとって必要なサポートを行ってくれそうなのは誰ですか?」と問いかけます。挙げられた名前はすべて、Whoの欄に直接書き込むかポストイットに記入して貼り付けます。
3. Doの欄への記入は少し難しくなります。Whoの欄のそれぞれについて、「彼らは何をすべきですか？ あるいは、何を変えようとしていますか?」「プロジェクトを成功させるために、彼らは何をする必要がありますか?」と問いかけます。
4. 必要なら、「Gives」（彼らが与えてくれるもの）や「Gets」（彼らが得るもの）といった列を表に追加します。
5. それぞれにランクや優先順位を設定します。順位が明白ではなさそうな場合には、丸いシールを使って参加者に投票してもらい、最も重要なものを決定します。

難易度	低
対 象	チームまたはペア
用 具	ペン、大小のポストイット各色、壁または掲示板（横長に配置）、丸いシール（任意）
他の作業との関係	プロジェクトやプロダクトのステークホルダーについて最初に検討する際に行いましょう。この後に、共感マップ（empathy map）やペルソナ、ユーザーストーリーやタスクストーリーの作成を行うのが自然です
禁止事項	「彼らに理解さえしてもらえば大丈夫……」のように漠然と考え、行動を促さないこと。「彼らが理解してくれたらどうなりますか？」といった形方でグループに問いかけましょう
おおよその時間	10分から30分
考案者	Dave Grey（XPLANEのデザインコンサルタント）

WHO | DO

SAVVY ANGEL → REVIEW FINANCE "DUE DILIGENCE?" | REVIEW SITE / TEAM
GET EXCITED → SHARE / TELL SOMEONE ELS
POST ON FBK / TWITTER

EL FUND MANAGER → INVITE TO APPLY FOR ..... | ENDORSEMEN
RECOMMEND TO COLLEAGUES
VETTING PROCESS ... WHAT IS MONEY FOR?
SETUP FOLLOW UP PITCH

SSFUL ENTREPRENEUR
↳ NOW ANGEL → SAME AS SAVVY

AWYER (REP'S ANGELS) → RECOMMENDS / ENDORSES
SENDS EMAIL TO ANGEL GROU
SEE — ANGEL FUNDIN

. F. F. → AGREE TO BOUNDARIES

ペルソナの作成

最も重要なステークホルダーが明らかになったら、その人のペルソナについてより深く調べます。これによって、ユーザーに人間味が加わります。プロダクトチームは、自分たちがこれからデザインと開発を行おうとしている人々に対して共感を持てるようになるでしょう。

→ 手順

1. 自分たちが知っているユーザーについて知り得ている定量的および定性的なすべての情報（エスノグラフィック調査やディスカバリーインタビュー（P.140を参照）、サイトのログ分析、市場調査など）を手早く再確認します。
2. ペルソナを以下の様な情報で分類します。
   - a ペルソナのカテゴリー。「情報検索する人」など
   - b 名前。架空の名前がよく使われますが、実際の顧客の名前を使うと人間味が加わります。ただし、イメージが固まりすぎるので、実在の人にしないほうが良い場合もあります
   - c 役職や主な責任範囲
   - d 背景。年齢や生活圏、教育（学歴）、年収、家族構成などのデモグラフィックデータ。また物理的な状態やソーシャルメディア、技術的なリテラシーなど。
   - e 動機。プロダクトを使って達成しようとしている目標やタスク
   - f 発言内容。このペルソナにとって、プロダクトのどの部分が最も重要かを示します。ディスカバリーインタビューで得られた実際の発言を使うのがよいでしょう
   - g 画像。該当するユーザーグループを象徴するような、顔写真やイラスト

難易度	中
対象	グループ全体（5人以上の場合は複数に分割）
用具	ペン、イーゼルパッド、壁または掲示板（横長に配置）
他の作業との関係	ペルソナがまだ定義されていないなら、まずWho/Doエクササイズを行い、重要とされたWhoについてペルソナを作成しましょう。市場調査で得られたデータや、事前のディスカバリーインタビューの結果も組み合わせてペルソナを組み立てます
禁止事項	プロダクトや解決策について、この段階で言及すること。ペルソナが実在する世界と、そのペルソナが成し遂げようとしている目標だけに注力しましょう
おおよその時間	30分から60分。得られている情報の深さによって増減します
考案者	Alan Cooperがペルソナを考案したと言われています

"ALLEN"

MKTG MGR @ RIKER-GOL

(a PR FIRM)

MKT SAVVY

TECH SAVVY

TIME

FRUSTRATIONS

NEW CATEGORIES OF BIZ
- "UNFAMILIAR"

WANNABE MKTG FIRMS

MULTIPLE VARYING CLIENTS

CONSTANTLY EVOLVING TOOLS (TECH)

NEEDS + WANTS

TO FIND NEW CHANNELS for CLIENTS

TO PROVE VALUE
JUSTIFY FEES

METRICS
SUCCES
STORIE

TO STAY "ON BRAND"

JOBS·TO·BE·DONE

EFFICIENT MKTG $ spend for CLIENTS

ディスカバリーインタビュー

デザインスプリントのプロセスの中で、チームがユーザーや顧客（つまり人々）と初めて対話するのがこの**ディスカバリーインタビュー**※15です。ユーザーがいつどのようにふるまうかについては、事前の調査によって既に情報が得られているかもしれません。しかし、なぜそのようにふるまうのかという点については知るのが難しく、それは実際のユーザーから直接聞き出すのが一番です。インタビューの際に、プロダクトやサービスのデザインに役立つような他の情報を得られることもあります。
例を紹介しましょう。Dana Mitroff-Silversがデンバー自然科学博物館向けにデザインスプリントを行った際、まず参加者に対してスタンフォード大学のd.schoolが作成した**Wallet Project**※16というデザイン思考の練習をしてもらいました。彼女は次のように述べています。

> ―― ここで行ったのはd.schoolのWallet Projectと本質的に同じものですが、目標やグループの特性に合わせて課題を毎回変えています。参加者に応じて、デザインの対象は朝の通勤スタイルだったり理想の隣人関係だったり、夜遊びだったりします。

最初にこのような練習を行うことによって、それ以降のデザインスプリントの運営が容易になります。必要に応じて振り返り、デザインスプリントの概念への理解を再確認できます。そして最終的には、チーム内にある種の共感が生まれることも期待されます。この練習の後、彼女は全員を博物館に向かわせ、常連客のふるまいを観察したり彼らにインタビューを行ったりするよう指示しました。彼女は次のように述べました。

> ―― 何がデザイン上の課題で、何を質問するべきかについての議論を済ませたら、外に出て実際にインタビューを行う準備が整います。参加者に質問を考えさせるか、私がきっかけの質問を示すかは場合によってさまざまです。費やしてきた時間や、参加者の自信の具合によって対応を変えています。それから参加者をインタビューに送り出すのですが、場合によっては博物館内の来館者の行動観察をさせることもあります。そこで、「彼らは何をしているか」「彼らは何を使っているか」「彼らはどんな展示物を見ているか」といった点に注目させています。

Advisory Board社のLarissa Chavarriaも同様のことを行っています。彼女は博物館のように多数の訪問者に恵まれてはいませんが、ユーザーに電話でインタビューすることならできました。例えば社内向けのプロダクトではユーザーへの接触は容易ですが、多くの場合事前の連絡なしでインタビューを行うのは難しいかもしれません。彼女は次のように語っています。

> ―― インタビューが終わると、チーム全員で検討会を行います。各自がメモ用紙を手に、インタビュー後の2分間に「ユーザーが本当に望んでいることは何だと思ったか」「驚いた事柄はあるか」という点について記録します。メモ用紙を使うことによって、内向的なメンバーも押しの強いメンバーも同等に意見を表明できます。また、メモ用紙には全員が無意識のうちにブレインストーミングを行うという効果もあります。メモを壁に貼って、「このテーマは何度も出てきているので、ひとつのグ

※15 **ディスカバリーインタビュー**：エスノグラフィック調査、あるいは単にデプスインタビューと呼ばれることもある
※16 **Wallet Project**：デザインのサイクル全体を90分で体験できる練習用のプロジェクト。デザインのアプローチでの各フェーズと、共通に使われる用語について知ることができる。
https://dschool.stanford.edu/groups/designresources/wiki/4dbb2/The_Wallet_Project.html

ループにまとめよう」あるいは「これは想定外の特異な意見だ」といったように考えることができます。また、投票を行って「これは本当に重要なのか、それとも単に気まぐれなアイデアなのか」を決めることも可能です。このような工夫で全員が平等に扱われるというのはよいことです。

すべての対象者へのインタビューが終わると、チームの参加者は表を作成します。この表をもとに、以降のフェーズで重要になるであろう意見を選び出します。
課題のコンテキストをより深く知るには、ディスカバリーインタビューがとても適しています。可能な限りインタビューの内容は録画または録音し、チーム全員が顧客の生の声を聞けるようにすることを推奨しています。

→ 手順

1. 知ろうとしていることについて簡単に(2行以内で)説明します。
2. まず打ち解けてもらうためにアイスブレイクになるような他愛もない質問をいくつか行います。インタビューする人とされる人との間によい関係を作れるような質問がよいでしょう。相手も1人の人間だということを忘れずに。
3. 特定の質問ではなく、その場の雰囲気や流れに合わせて、**トピックマップ**※17を用意し、それぞれのトピックについてインタビューを進めていきます。
4. 可能な限り1人がすべての質問を行い、他の参加者は目立たないようにします。インタビューされる人が質問に集中できるように配慮します。
5. 概要の紹介に続けて、インタビューの意義を簡単に説明し、トピックマップに沿ってインタビューを進めていきます。
6. インタビューが終わったら感謝を表し、後でお礼のメールを送れるようにメールアドレスを聞いておきます。

難易度	**高**
対象	**ペアで行うのが理想ですが、ユーザーが少人数ならばチーム全員で行ってもかまいません**
用具	**ビデオカメラまたは録音装置、メモ用紙とペン、カメラ、トピックマップ、(インタビューされる人)**
他の作業との関係	**デザインスプリントの初日に、全員がすべてのデータを用意し、必要な作業を終わらせてから行うのがよいでしょう**
禁止事項	**質問してばかりでユーザーの意見に耳を傾けないこと。誘導尋問(質問者にとって好都合な答えを言わせる)**
おおよその時間	**インタビュー1回当たり15分から30分。合計60分(時間が許すなら、超過してもかまいません)**

※17 **トピックマップ**:情報の発見を容易にするための技術の一種。情報リソースが持つ主題、主題間の関係、及び、情報リソースとの関係を、トピック(Topic)、関連(Association)、出現(Occurrence)という構成要素でモデル化したもの。ISO標準(ISO/IEC 13250:2002)として定められている

ユーザージャーニーマップ

ここまでの手順で、ユーザーについて十分理解できたはずです。次に、ユーザーがプロダクトを使う前、使っている最中、そして使い終わった後に行っていることについて俯瞰的な観点から調査します。プロジェクトに文脈を与え、見逃していたかもしれないチャンスに気づくことが目的です。顧客がプロダクトを使っている最中のことにばかりに注目しているチームが、しばしば見受けられます。このようなチームは、ユーザーのふるまいやふるまいのきっかけにもとづいて、たくさんのすばらしい体験を提供できるチャンスを逃してしまっています。

ここでユーザーがたどる手順を視覚的に表現するには、エクスペリエンスマップあるいはユーザージャーニーマップというしくみを使うのが便利です。ユーザージャーニーマップでは、それぞれのペルソナによる一連の行動を複数の段階へと分解します。それぞれの段階を目標とともに定義できたら、ユーザーとプロダクトまたはサービスとの間にあるタッチポイント（接点）が浮かび上がります。このタッチポイントとは、ペルソナとプロダクトあるいはサービスとの相互作用を表します。以前に定義したペルソナが異なれば、ニーズや属性そして行動も異なりますが、一連の行動としては共通な場合もあります。しかし共通ではない場合のために、ユーザージャーニーマップが必要になります。

SEO（検索エンジン最適化）を例にとって考えてみましょう。ユーザーはSEOについて考える前に、自社のブログの記事を執筆し、販促物を作成し、レビューサイトでの反応に回答したりしていたのかもしれません。顧客からの電話に応対したり、サポートの依頼に返信したりもするでしょう。これらの活動はすべて、SEOを行おうとしているユーザーを取り込むためのヒントを与えてくれます。

ユーザーが置かれている状況を理解することはコンテキストを定義するためにも重要であり、またチームがユーザーのニーズを単に満たすだけでなく、ユーザーに喜びをもたらすような解決策を作り上げるチャンスを与えてくれます。ユーザージャーニーマップでは、ステークホルダーにとっての体験が記述されます。ジャーニー（旅）の始まりから終わりまで、プロダクトに関するものもそうでないものも記述することによって、アイデアの広がりの可能性を残しておきます。これは、後ほど行う「発散」のフェーズでは、ユーザージャーニーマップのそれぞれの経由点（ユーザーの心理状態や思考、感情が変化する点やタッチポイント、行動目的が変化する点）を意識しながらアイデアを検討していきます。

→ ユーザージャーニーマップ作成の手順

1. ユーザージャーニーマップの作成対象となる重要なステークホルダーやペルソナの数に応じて、参加者を小さなチームに分割します。
2. それぞれのチームで、対象としているステークホルダーにとっての体験を段階ごとに分けて最初から最後まで定義します。それぞれを大きなポストイットに記入し、壁や掲示板の上部に並べて張ります。
3. それぞれの段階について、ステークホルダーにとっての目標（複数可）を考えます。これらは小さなポストイットに記入し、該当する段階のすぐ下に貼ります。目標が複数ある場合にはポストイットも複数枚使います。
4. ステークホルダーのタスクや利用するツールについても、同様の手順を繰り返します。
5. ステークホルダーの心理状態や感情を、高（満足）から低（不満）に至るまでの範囲としてゆるやかな線で表現します。あるいは、満足や不満あるいはその他の感情（ほっとする、など）を表す顔文字を描くのもよいでしょう。
6. 心理状態や感情が低く（不満）なっている点について、ニーズとチャンスを小さなポストイットに1つずつ記入し、該当する段階の下に貼ります。
7. 必要に応じて丸いシールを使って投票を行い、取り上げるべきチャンスを決定します。

難易度	中
対象	チーム
用具	ペン、大小のポストイット各色、壁や掲示板（横長に配置）、丸いシール（任意）
他の作業との関係	この作業は背景を理解した後で、かつアイデアを考え始める前に行うべきです。すべてのユーザージャーニーマップについて、すべてのレベルの分析を済ませる必要はありません。それぞれのデザインスプリントにとってのニーズに対応し、分析の対象を選定する必要があります。既存のワークフローに着目してユーザージャーニーマップを作成するのがもっともよい方法ですが、作成しようとしているものを定義するために先に目標やニーズを明らかにするという方法も考えられます
禁止事項	プロダクトの手順だけに注目すること。ユーザーがプロダクトに接していない間のふるまいを、プロダクトの要素として取り込むことがここでの目的です。また、ユーザーの感情を軽視するのも禁止です。感情の変化が大きな発見につながる可能性があります
おおよその時間	60分から90分
考案者	不詳

KASIA USER JOURNEY
PRE-TRIGGER
TRIGGER
SEARCH & SELECT & GET APPROVAL
GOALS
ACQUIRE NEW SKILLS
CERTIFICATION
FIND THE RIGHT RESOURCE
GET MANAGER'S APPROVAL
GET TIME OFF FROM CURRENT ASSIGNMENT
TOUCHPOINT
TALENT MY LEARNING L&D MANAGER
EMOTIONS
OPPORTUNITY
GIVE LEARNERS SOME DIRECTION ABOUT "WHAT'S TRENDING"

ATTEND
- elearning
- read - vc

TRATION

PRE-COURSE
(Pre-Read, Logistics..)

ATTEND
VIRTUAL | F2F

POST-COURSE

ON THE JOB

NFIRMATION
ON
RATION

OBTAIN LOGISTICS
INFORMATION

LEARN BY:
- SYNCHRONOUS EVENTS
- ASYNCHRONOUS MATERIAL

OBTAIN ALL THE
COURSE MATERIAL

BE MORE
- EFFECTIVE
- EFFICIENT

UNDERSTAND THE
OBJECTIVES AND THE
LEARNING JOURNEY

NETWORK WITH
PEERS

GET CERTIFIED
&
UNDERSTAND NEXT STEPS

EARNING
AILS

EMAILS

- ADOBE CONNECT
- MYLEARNING
- LES FONTAINES
- EMAILS

- TROOM
- EMAIL
- ONLINE EXAM?

DOWN NO.
AILS FOR
EY MESSAGES
TO ACTION

MOOD-PREPPING
RATHER THAN JUST
LOGISTICS

TO MAINTAIN A
COMMUNITY?
TO GET THEM EXCITED

HOW TO SUPPORT
CONTINUOUS
LEARNING

GET EASIER

1日のまとめ

レトロスペクティブ(＋(プラス)／Δ(デルタ))

我々は今日、何を学んだでしょうか。入手しているデータを検討し、制約となる事柄についても考えました。課題を理解し特定するために、全力を尽くしました。ここでそろそろ、作業を振り返って成果を確認しましょう。そして参加者が改善点を提案し、心配する点を共有し、作業内容を計画できるようにします。
たとえデザインスプリントの各フェーズの途中であったとしても、1日の終わりというのはレトロスペクティブ(振り返り)を行うタイミングとして最適です。参加者が帰宅してしまう前に、全員で集まって反省と今後の計画を共有しましょう。

振り返りの形式としてはさまざまな方法が知られていますが、筆者は＋／Δというアプローチをお勧めしています。

→ 手順

1. ホワイトボードに2列の表を描き、それぞれに+(プラス。うまくいったこと)とΔ(デルタ。変化を表すギリシャ文字)を記入します。
2. 1日の中で良かったことについて参加者に考えてもらい、+の列に記入します。
3. 各自が変えたいと思ったことについても率直にその場でブレインストーミングしてもらい、Δの列に記入します。
4. Δの列に記入されたそれぞれの項目について、作業内容を列挙します。例えば「『課題の定義』に、年配のユーザーに関するLarissaからの意見を反映させる」といったように記述します。これらの作業内容は翌日の作業の中で実行するか、今後のデザインスプリントのために記録しておきます。

難易度	低
対象	全員
用具	ホワイトボードまたはポストイット
他の作業との関係	各フェーズの最後に行います。ただし、「検証」フェーズではデザインスプリント全体に対するより深く長時間の振り返りが行われます
禁止事項	ここでの作業を無視あるいは軽視すること。1日の作業を振り返ることによって、継続的に進捗を確認できるようになります。また、Δの作業内容をすべて今すぐ行わなければならないと考えたり、Δを気に入らないことだと誤解したりするのも悪いことです
おおよその時間	1日の終わりに10分から15分、デザインスプリント全体の最後に30分
考案者	＋／Δの手法は書籍『ゲームストーミング』で紹介されています。初めてこれが行われたのは、1980年ごろのBoeing社であるとされています

GOOD!
Realisation of Volume of work
CUPCAKES
I CAN APPLY THIS TO MY DAY-TO-DAY WORK
GIVING STRATEGY INPUT
Awareness
+ Participation Rate
THE DEDICATED TIME TO COLLABORATE
GOOD TO COLLABORATE
Time investment is worth it

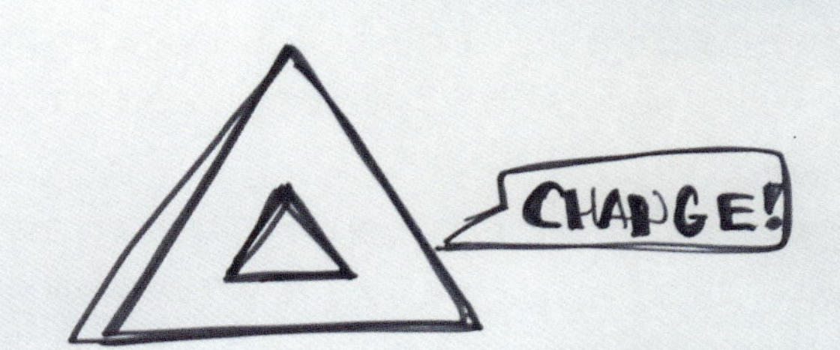
CHANGE!
Δ Teams
DO IT MORE. DO IT EARLIER.
DO IT MORE
DO IT BIGGER (TOPICS)
FOCUS Narrower
DID WE HAVE ENOUGH TIME FOR 4 AREAS OF FOCUS?
BETTER EXPLANATION OF DAY IN ADVANCE
TRAIN ME TO DELIVER THIS SESSION.

チームドリンク(お酒を軽く飲みに出かける)

会議室の外に出ることは物事に新鮮な視点を持ち込みますし、チームの参加者とのお酒を交えた会話はプロジェクト終了までとその後の友好な関係構築にもなります。デザインスプリントが進むにつれて疲れは蓄積していくので、このタイミングで楽しんでおくのがよいでしょう。
軽く飲むというのは、時間を厳しく決めずに集まるよい方法です。近所に住んでいるメンバーがいれば、彼らは、あまり遅くならずに家族の待つ家に帰れます。開始は早いほうがよく、我々は4時半(遅くても5時)にはオフィスを出るようにしています。もっとゆっくりしたいというなら、希望者で食事に出かけましょう。
近場によいお店がないという場合には、社員食堂かラウンジの冷蔵庫でビールやソフトドリンクを飲みながら雑談するというのもお勧めです。飲みに出かけるのとほぼ同等の効果を、とても安価に実現できます。
そして飲み過ぎには気をつけましょう。翌日も朝からデザインスプリントの作業が始まります。タイトな作業が待ち構えています。ノンアルコール飲料も選択肢のひとつです。

→ 手順

手順はわざわざ書かなくてもよいですよね?

1. 飲みに出かけます。
2. ゆったりと楽しみましょう。

Takeaways

フェーズ① 「理解」のまとめ

- 背景となる資料や、類似あるいは関連する解決策からヒントを得ましょう。
- 課題を定義し、現時点で得られている資料とともに理解しましょう。
- 仮定、思い込みや先入観、手持ちのデータや調査結果からは解けない疑問などすべて列挙しましょう。
- ディスカバリーインタビューを行い、誰のためにデザインを行うのかを全員に理解してもらいましょう。
- ユーザーに具体的な人間味を与えるために、ペルソナを作りましょう。
- 現在のユーザージャーニーや体験を書き出し、抱えていてる課題全体を視覚的に表現し理解しましょう。どの部分に注力して解決策を作るか、あるいは現在のフリクション（摩擦）ポイントを改善するのかを明確にしましょう。

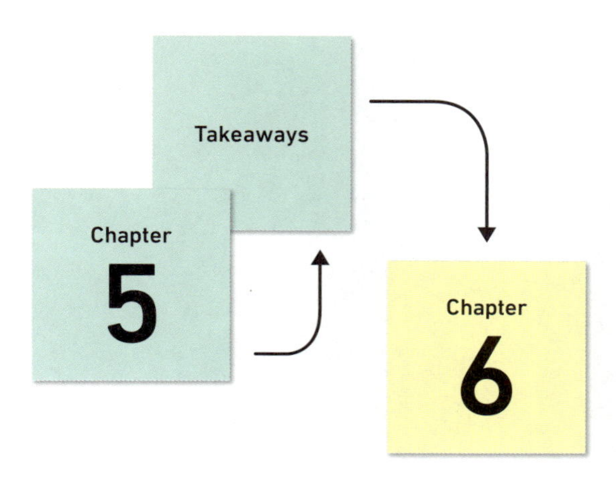

seeing
saying
feeling
doing
Students
seeing
thinking

Chapter 6

フェーズ② 発散

ここまでの作業で、ユーザーとユーザーが抱える課題について基本的な理解を得て、どの課題を解決すべきかを把握できました。次は、可能な限りより多くのアイデアを考えて解決策を探るというフェーズです。これをグループでの単なるブレインストーミングと思ってはいけません。参加者全員がそれぞれ個別に作業を行い、グループ思考でのプレッシャーを受けずに自らのアイデアを表現します。アイデアはグループ全体で共有され、最終的には集合知にもとづいて最も優れたものが選出されます。この「発散」のフェーズでは、さまざまな可能性を探ることに重点が置かれます。これから紹介する作業は、参加者の頭の中からアイデアを取り出して紙やホワイトボードに書き出すことを目的としています。同様の目的を持った作業は他にも多数ありますが、本書では、実際にさまざまなデザインスプリントの中で利用されてうまくいったものを取り上げています。他にも適した方法があるかもしれません。

経験上、この「発散」のフェーズは最も楽しく、かつ最も疲れる作業です。作業が終わる頃には、選択肢が多すぎてどれを選べばよいか分からず、混乱に陥ることもあるでしょう。しかしそれが正常な状態です。そのままデザインスプリントのプロセスを信じて作業を進めてみましょう。続く「決定」フェーズで、検証し深掘りすべき正しい選択肢が導き出されます。

Constant Contactでの「発散」フェーズでは、社内で他の分野に携わるメンバーを招いて意見を求めるということがよく行われます。これには2つの効果があります。まず、識者による新しい視点によってアイデアをさらに練り上げ、よりよいものにしていけます。また、組織内の他のメンバーを招くことによって、デザインスプリントのしくみや考え方が広まるという効果もあります。Constant Contactでも、何らかの形でデザインスプリントに関わった社員がどんどん増えてきました。そして今日では、重役会のメンバーも社内のさまざまな活動の中でデザインスプリントのアプローチを勧めるようになりました。

「発散」フェーズで行われること

☑ **準備する**	1時間以内
☑ **解決策を生む**	2時間以内
☑ **もっと(もっと)解決策を生む**	2時間以内(任意)
☑ **ワイヤーフレームの作成**	1時間以内(任意)

アイデアを生み出す作業が2つあることに気づかれたと思います。必ずしも、このような作業が2回必要とは限りません。グループによっては、1回目の作業で優れたアイデアが十分に生まれるかもしれません。小さなグループでは、作業を複数回行うほうがよいでしょう。大きなグループでは生み出されるアイデアも多くなり、アイデアへの検討に多くの時間が割かれることになるでしょう。十分な数のアイデアを生み出すために、より小さなグループではさらに1回か2回作業が必要になることもあります。繰り返しのたびに参加者は作業に慣れ、アイデアを生み出すことが苦にならなくなったことに気付くでしょう。

ワイヤーフレームの作成は常に必須とは限らないため、任意としています。ワイヤーフレームも有益ですが、解決策の中に体験あるいはサービスに関する事柄が含まれる場合には事情が異なります。ワイヤーフレームとして描かれた画面とのインタラクションを単に記述するのではなく、ユーザー行動をストーリーボードで表現するほうが重要です。

「発散」フェーズの目的は、アイデアをたくさん考えるという点にあります。そのために役立つなら、ここで紹介されていないような作業を行ってもかまいません。8アップ(P.166参照)やストーリーボード作成の回数を増減させてもよいでしょう。デザインスプリントのフレームワークは柔軟であり、ニーズに合わせて柔軟に修正できます。必要に応じて、時間を伸縮させたり一部の作業を省略したりできます。

今日の作業では、時間の制限が大きな役割を果たします。発散(拡張とも呼ばれます)のサイクルを、時間の許す限り繰り返しましょう。長い1日になるはずです。効率を上げるために、休憩をこまめにとりましょう。

推奨されるアジェンダ

☑ **準備する**	- 日程とルールのおさらい	5分以内
	- ピッチの練習(P.114参照)	5分以内
	- 「理解」フェーズのおさらい	20分以内
	- タスクストーリー	30分以内
☑ **解決策を生む** **(最低1回。必要に応じてさらに1から2回)**	- マインドマップ	10分以内
	- 8アップ(別名クレイジー8)	10分以内
	- ストーリーボード	20分以内
	- サイレント評価	10分以内
	- グループでの評価	1人当たり3分から5分
	- スーパー投票(任意)	5分以内(任意)
☑ **もっと(もっと)解決策を生む(任意)**	- 8アップ(別名クレイジー8)	10分以内
	- ストーリーボード	20分以内
	- サイレント評価	10分以内
	- グループでの評価	1人当たり3分から5分
	- スーパー投票(任意)	5分以内(任意)
☑ **ワイヤフレームの作成(任意)**	- ストーリーボード	20分以内
	- サイレント評価	10分以内
	- グループでの評価	1人当たり3分から5分
☑ **まとめ**	- 1日の振り返り	15分以内

☑ 準備する

幅広いアイデアを探求するためには、事前の準備が必要です。これまでに見てきた背景となる情報の量を考えると、最も重要な箇所を整理することが重要です。どんなユーザーが何をしようとしていて、我々が何を解決すればよいか、簡単な振り返りをするだけで明確に理解できるようになるでしょう。

前日の作業を簡単に振り返ると、睡眠中に結合された脳細胞を活用できるようになり、アハ体験の発生が促進されます。2007年にカリフォルニア大学バークレー校で行われた研究によると、人は眠りから覚める時に一見関連のなさそうなアイデアを33%も多く関連付けできるそうです[※1]。例えばヤギ乳のチーズでローラースケートを作るといったような突拍子もないアイデアも、実は有益だと判明するかもしれません。

※1 Jeffrey M. Ellenbogen、Peter T. Hu、Jessica D. Payne、Debra Titone、Matthew P. Walker、『HumanRelational Memory Requires Time and Sleep』（PNAS vol.104、no.18 (2007)：7723-7728）

日程とルールのおさらい

前日と同様に、1日の日程を参加者に伝えます。アイデア出しの作業が始まった際に、参加者が安心して意見を発表し積極的に取り組めるようにします。

「発散」フェーズの冒頭で、ウォーミングアップとして練習課題のような作業を行わせているチームもあります。これは楽しい作業です。直接関係のない作業で参加者を活気づけるというのは、心の準備ができていない場合に特に効果的です。一方、全員の準備がすでに整っている場合には、ウォーミングアップは省略してすぐに作業に取りかかりましょう。

→ 手 順

1. 「発散」フェーズでの日程を印刷するか、スクリーンに表示します。
2. 行う作業をひとつひとつ説明します。
3. 「発散」フェーズはアイデアを生み出すことが目的であり、正解も不正解もないということを強調します。
4. 前日に議論したルールについて再確認します。必要に応じてルールは追加または削除できます。
5. (任意)5章で紹介したワードボールなどのような、ウォーミングアップの作業を行います。

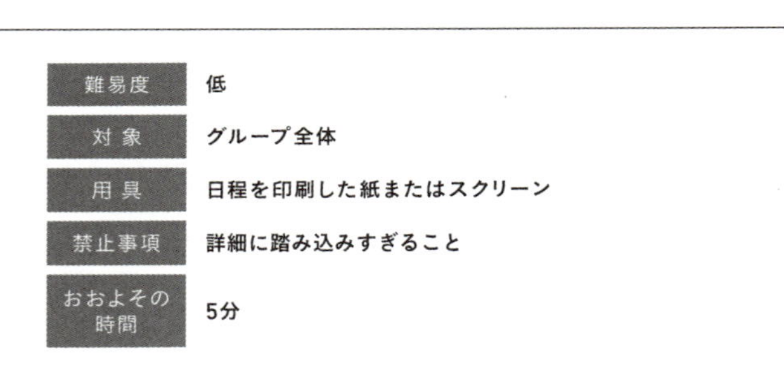

難易度	低
対象	グループ全体
用具	日程を印刷した紙またはスクリーン
禁止事項	詳細に踏み込みすぎること
おおよその時間	5分

「理解」フェーズのおさらい

「理解」フェーズでは多くの議論が行われるとともに、膨大な情報が蓄積されました。重要な議論を聞き漏らしたり聞いていなかったり、一晩の間に忘れてしまったりする参加者もいるでしょう。前日の議論を簡単に振り返れば、記憶をフレッシュな状態に保てます。

→ 手順

1. 目的やペルソナ、課題の定義、そしてユーザージャーニーについておさらいします。それぞれについて別々の参加者に、内容や要約を声に出して発表してもらいます。
2. 気になる点があれば、他の参加者にも発言してもらいます。

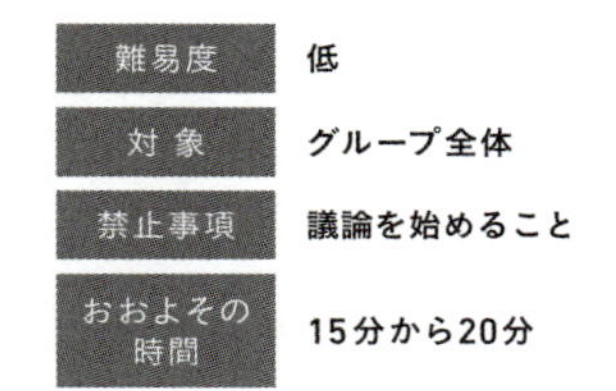

難易度	低
対象	グループ全体
禁止事項	議論を始めること
おおよその時間	15分から20分

タスクストーリー

背景となる議論を終えて解決策の作成に進んでも、ユーザーとユーザーの抱える課題が最も重要であることに変わりはありません。このことを確認するためには、タスクストーリーを利用するとよいでしょう。

タスクストーリーにはいくつかの空欄があり、これを埋めていきます。子供の頃に遊ぶ**Mad Lib**※2という言葉遊びをご存知ですか（筆者などは今も行っています）? タスクストーリーはユーザー指向のMad Libです。ユーザーに起こることや動機あるいは望まれる結果を、穴埋め形式で記入します。

ユーザーが抱えている課題と、プロダクトが解決しようとしている「タスク」に注目します。そしてこの注目している課題について、これから解決策を作っていきます。

→ 手順

1. ユーザーが達成しようとしているタスクあるいは作業について、まず大まかに表現します。
2. これをさらに小さな単位へと分割していきます。
3. それぞれの小さなタスクについて、現在のユーザーはどのように課題を解決しているか議論します。ユーザーの行動の原因や不安そして動機が明らかになるような、タスクストーリーを1つまたは複数作成します。
   - a 大きめのポストイットに「＿＿＿＿＿とき、私は＿＿＿＿＿ために＿＿＿＿＿たい」と記入します。
   - b 「＿（出来事の発生）＿とき、私は＿（結果）＿ために＿（動機や欲求）＿たい」のような形式で、空欄を埋めます。
4. それぞれのタスクストーリーをチームで共有します。

難易度	中
対象	チームまたはペア
用具	ポストイットとペン
禁止事項	機能に注目すること、プロダクトを作ろうとしている理由を忘れること
おおよその時間	30分から60分
考案者	Alan Klement ※3

※2 **Mad Lib**：あらかじめ名詞、動詞、形容詞などが空欄になった文章を用意しておき、回答者に空欄部分を自由に埋めてもらう。回答者は正しい文章を知らないため、出来上がったちぐはぐな文章を楽しむという言葉遊びゲーム

※3 Alan Klement『Replacing the User Story with the Job Story』（2013年11月12日）
https://jtbd.info/replacing-the-user-story-with-the-job-story-af7cdee10c27#.c7p07n4ad

MONITORING
ANALYSIS
ACTION PLANNING
MAIN STREET
LEAD the WAY
NETWORK & GROW
WHEN IT IS TUESDAY, I NEED TO REVIEW THE PAST WEEK'S MARKETING RESULTS SO THAT I CAN UNDERSTAND WHAT IS WORKING
When I schedule a campaign I need to be coached so I can send the best subject line to get better results
When I have increased engagement with my contacts significantly I need to be made aware of this so that I can further capitalize on this engagement in all of my marketing plans.
AFTER I SEND A PROMOTION I NEED TO UNDERSTAND WHICH CONTACTS ENGAGED WITH IT SO THAT I CAN COMMUNICATE THAT TO SALES REPS FOR FOLLOWUP
When I have sent a campaign I need indicators to tell me how I'm doing so that I know whether I'm on the right track.

解決策を生む

アイデアを生み出す作業を始める際には、まず個人で作業してもらい、その後でグループ内でアイデアを共有するようにしましょう。こうすると、参加者が課題について自分なりのやり方で考えてくれます。そして、各自が適切な情報のモデルを新たに組み立てなおせるようにもなります。一部の参加者の考え方や常識に引きずられることなく、全員がアイデアを生み出せます。ここまでの作業で、制約となる事柄についてはすでに特定できているはずです。参加者の自由な創造力を、可能な限り引き出しましょう。

全員が課題について検討し、それぞれが解決策を考えたら、グループ内でそのアイデアを共有します。すると他の参加者がコメントを加え、アイデアをさらに組み立て拡張できます。この段階での過剰な批判は、「発散」フェーズの目的にとってもデザインスプリントのプロセス全体にとっても大きな不利益になります。次の章で解説する「決定」フェーズまで、過剰な批判は行うべきではありません。「発散」フェーズはできるだけ多くのアイデアを出すことを目的としており、クレイジーで現実からかけ離れているほど良いアイデアです。もし読者のみなさんが我々と同じくらいクレイジーなら(本書を読んでいるということは、きっとクレイジーなのでしょう)、問題はありません。

この作業では、質より量をめざすべきです。質は必ずしも重要ではありません。ラジオ番組「This American Life」のパーソナリティIra Glassはかつて「どんなキャリアでも初期に多くの仕事をこなしておくと後々役立つ」と述べています。デザインスプリントでも同様の考え方が当てはまります。すばらしいアイデアをすぐに思いつくといったことはめったにありません。しかし、複数のアイデアあるいはそれらへの改善を思いつくことは簡単です。アイデアの段階ではコストはほとんどかかりませんが、アイデアを実行し具体化するという段階に進むとコストは上昇します。したがって、現時点では量を追求しましょう。C. Todd LombardoがIE Business Schoolで行っているCreativity and Innovationのクラスでは、経営学の学生は解決しようとしている課題について100個以上のアイデアを出すよう求められます。また、Maryland Institute College of Artの講師Justin Lloydは、グラフィックデザインの授業内プロジェクトでロゴデザインのコンセプトを500個も考えるよう教授に指示されたと語っています。量を増やすことは、質の向上にもつながります。優れたアイデアをひらめくこともありますが、それはとても稀です。成功への近道はありません。苦しみながらアイデアを考え、改善して成果を求めましょう。以前にも述べましたが、実用的なアイデアが見つかるまでこの作業のサイクルが複数回繰り返されることもあります。サイクルが1回で済んだデザインスプリントの経験もありますが、追求に値するアイデアを得るために2回以上のサイクルが行われるのを筆者らはしばしば目にしています。アイデアの数に決まりはありませんが、多ければ多いほど解決策が生まれる可能性が高まります。

自分が考えたオリジナルなアイデアである必要もありません。社内やグループ内、あるいは別の人から得られたアイデアでもかまいません。アイデアに命が与えられるのは、アイデアを紙に書き表した時です。紙に書くというのは誰にでも（もちろん、読者のみなさんにも）できるため、民主的なプロセスだと言えます。誰でも文字を書けるし、線や図形も描けるでしょう。太いペンを使えば、詳細度を意図的に下げられます。アイデアを明確に表現でき、ゆがんだ形状も大目に見てもらえるでしょう。

ほとんどのデザインスプリントでは、2回またはそれ以上のサイクルが行われることになるでしょう。したがって、ユーザージャーニーマップを2つ以上に分割し、それぞれのサイクルでの対象を限定すると効果的です。ユーザーがたどる経路が1つだけの場合は、これを2分割することをお勧めします。2つのうち重要なほうを1回目のサイクルで扱い、もう片方を2回目で扱うようにします。

重要なユーザータイプが2つ（例えば教師と生徒、売り手と買い手など）ある場合には、ユーザージャーニーを分割するためのよい方法があります。より重要なユーザーについてまずアイデアを考え、続いて他のユーザーについても考えるようにします。個々のユーザーの経路についても分けて考えるほうがよいと思うなら、追加のサイクルを行うための時間を確保するか、それぞれのサイクルでの時間を短くしましょう。

マインドマップ

アイデアを生み出す作業をやりやすくするため、まず全員に考えをまとめてもらうことが重要です。完全に筋が通ったものである必要はなく、考えをまとめようとすることに意義があります。

手始めとしては、マインドマップの作成をお勧めしています。マインドマップとは、ある話題に関する参加者の**メンタルモデル**※4を表現したものです。どのようなやり方で作成してもかまいません。

参加者全員に、各自が考えていることについて文字や図で表現してもらいます。すべてのアイデアについて快適に探求してもらうために、表現の形式は自由とします。人を描いてもよく、画面イメージや言葉、あるいはその他のものを描いてかまいません。描いたものから別の考えが浮かんだなら、両者を関連づけてもよく、そうしなくてもかまいません。何を描くかは参加者次第です。

→ 手 順

1. 「理解」フェーズで作成したユーザージャーニーマップについておさらいします。そして、まず注目するべき箇所を決めます。繰り返しますが、あるユーザーがたどる経路の前半か、ある特定のユーザー（ユーザーが複数の場合）に着目するのがよいでしょう。
2. 参加者に数枚の紙とペンを配ります。
3. 言葉や絵、ユーザー、画面、アイデアなどを描きます。全員に対して、各自が思っていることを表現してもらいます。
4. 描かれたもの同士を関連づけます（任意）。
5. 文字でも絵でも、常に何か記録し続けて、アイデアを次々に思い浮かべていきます。

難易度	低
対 象	個人
用 具	ペンと紙
禁止事項	急ぐことや、自分のやり方が間違っていると思うこと。白紙を眺め続けるようなパニック状態に参加者を陥れるのも禁物です
おおよその時間	10分
考案者	イギリスの心理学者Tony Buzan。1960年代にマインドマップを広めました

※4 **メンタルモデル**：人の感情や心理状態、考え方の変化やプロセスを表したもの

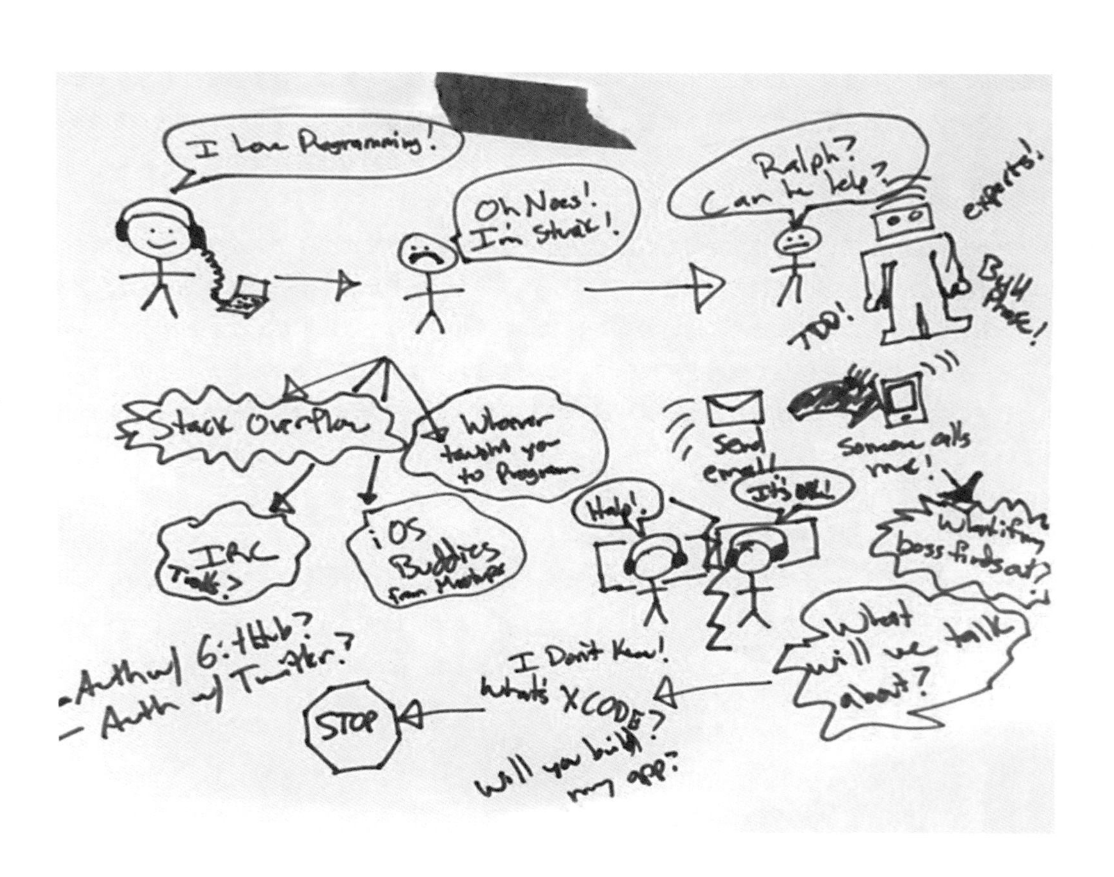
I Love Programming!
Oh Noes! I'm Stuck!
Ralph? Can he help?
experts!
Stack OverFlow
Whoever taught you to Program
IRC
iOS Buddies from Meetups
Send email!
Someone calls me!
Help!
It's OK!
What if my boss finds out?
What will we talk about?
I Don't Know!
What's XCODE?
Will you build my app?
STOP
- Auth w/ Github?
- Auth w/ Twitter?

8アップ（別名クレイジー8）

ウォーミングアップとしてアイデアをいくつか書き出せたら、次はもっと多くのアイデアを考えたり、他の参加者のアイデアを発展させたりします。デザインスプリントではこの作業を構造的に定義しています。30秒ごとに合計8つの異なるアイデアを考え、それぞれをコピー用紙に書き出してもらいます。

デザインスプリント全体を通して、この作業が最も厳しくかつ楽しいものです。ここでも、どの表現方法が正しいあるいは間違っているということはありません。短い言葉で表しても、ユーザーがプロダクトを使って問題を解決している様子を絵にしても、プロダクトの適当な画面イメージを描いてもかまいません。

写実的である必要もまったくありません。ここで描かれたものは、自分にとって意味がありさえすればそれでかまいません。誰かが細かく評価するわけではないので、他人の目を気にせずに描きましょう。

ここで描くものへの着想は、先ほどのマインドマップから得られることもあり、別のまったく新しいものから得られることもあるでしょう。複数の描かれたものについて、相互関係や順序を気にかける必要性もありません。描くということは雑多なアイデアの受け皿の役割を果たしており、これらをまとめる作業は後で行われます。

ここではすべてのアイデアが平等に扱われます。古いアイデアも、新しいアイデアもあるでしょう。アイデアを出し尽くし、どうしようもなくなるとクレイジーなアイデアが生まれることもあります。しかしこのようなアイデアが、最終的には予期せずすばらしいものへと成長することが少なくありません。ここでの作業をクレイジー8と呼ぶこともあります。

終わったら、部屋中を回って描いたものについて簡単に説明します。以上のサイクルを2回行います。説明することによって、他の参加者は次のサイクルや以降の作業でのヒントも得られます。

→ 手順

1. ユーザージャーニーマップの中で、注目したい部分を選びます。
2. 紙を1枚取り、8つ折りにします。紙を横長に持ち替えて右から左に折るということを3回繰り返します。ちなみにthoughtbotの顧客の1人に元小学校教諭がいたのですが、この折り方を「ハンバーガー、ハンバーガー」と説明していました。反対は「ホットドッグ、ホットドッグ」で、紙は細長く折られてしまいます。
3. 5分間のタイマーをセットします。スマートフォンアプリの中には、30秒の作業と10秒の休憩を8回繰り返すといった設定を行えるものもあり便利です。
4. 40秒ごとに、課題の中のさまざまな側面に対してまったく異なる解決策を1つずつ考え、8つ折りにされた紙の1コマに記入します。ファシリテーターは開始の指示を出し、40秒経ったら次のアイデアに移るよう指示します。これを8回行い、すべてのコマに記入します。
5. それぞれの紙をグループ全員に見せます。1分以内に、8つのアイデアについてそれぞれ数語で説明します。およそ6人以上の大きなグループでは、要点だけを示して説明を30秒程度におさえます。
6. 以上の手順をもう1度繰り返します。他人のアイデアについて、真似や修正あるいは拡張を行ってもまったくかまいません。

難易度	中
対象	まず個人で行い、その後グループ内で発表
用具	A4やレターサイズあるいはタブロイド判の紙
禁止事項	1つのアイデアに長い時間をかけること（次々と新しいアイデアを考えましょう）。また、この時点ではアイデアに関する議論も行ってはいけません
おおよその時間	20分から30分（5分間でアイデアを考え、5分から10分間で発表するという手順を2回行います）
考案者	GVのJake Knapp※5。 Will Evansによるデザインスタジオの方法論※6も参考にしました。また、ゲームストーミングには5分間で6から8個のアイデアを考える「6-8-5 exercise」という作業があります※7

※5 Jake Knapp「The product design sprint: diverge (day 2)」（2012年10月26日）
http://www.gv.com/lib/the-product-design-sprint-divergeday2

※6 Will Evans「Introduction to Design Studio Method」（2014年2月20日）
https://www.linkedin.com/pulse/20140220213016-13520960-introduction-to-design-studio-method

※7 「6-8-5」http://www.gogamestorm.com/?p=688

A
B
C
INFO
TO
KPI ?

ストーリーボード

ラフなアイデアがたくさん揃ったら、これらを整理してグループ内で発表し、フィードバックを求めます。アイデアの中で最もよいと思う1つまたはそれ以上について3つのストーリーボード(絵コンテ)を作成し、特定のペルソナやタスクストーリーあるいはユーザーのたどる経路の一部を表現します。ユーザーが実際にプロダクトを利用する様子を視覚的に示すことによって、より現実的なシナリオが生まれます。

ストーリーボードは漫画のコマに似ており、映画のシーンを表すスケッチにも似ています。ストーリーボードを3つ作成するのは、1つのインタラクションを表すのにちょうどいい量だからです。ただし、より優れたアイデアを示すために必要なら複数のインタラクションを表すようにしてもかまいません。

実際の人についての物語(ストーリー)を表すには、ストーリーボードが一番です。ユーザーが何かをしようとしており、ここで自分のアイデアが役に立ちそうだということを示すには、棒人間スタイルの絵が適しています。ここでも、プロダクトの画面を示すほうがストーリーをよりよく表現できるのなら、そうしてもかまいません。「発散」フェーズの最後でも、ワイヤーフレームを作成します。

コマを描いたら、そこで起こっていることを簡潔に記述し、他の参加者が状況をよりよく理解できるようにします。次の作業で、これらを見返すことになります。

→ 手順

1. ここでも、ユーザージャーニーマップやタスクストーリーの中で着目する箇所を確認します。
2. 紙の左側に、ポストイットを3枚縦に並べて貼ります。文を記入できるように、紙の右側は空けておきます。
3. シナリオ(複数可)を絵で表現してポストイットに描きます。人間とデバイスの間だけでなく、人間同士のインタラクションについても考慮します。
4. それぞれのコマの右側で、起こっていることを文として記述します。

難易度	低
対象	個人
用具	A4あるいは適度な大きさの紙、ポストイット
禁止事項	画面ばかりで人間が描かれないこと、文が長すぎること、自分の名前を書くこと
おおよその時間	約20分
考案者	Disneyのアーティスト兼アニメーターであるWebb Smithが、最初にストーリーボードを作成しました

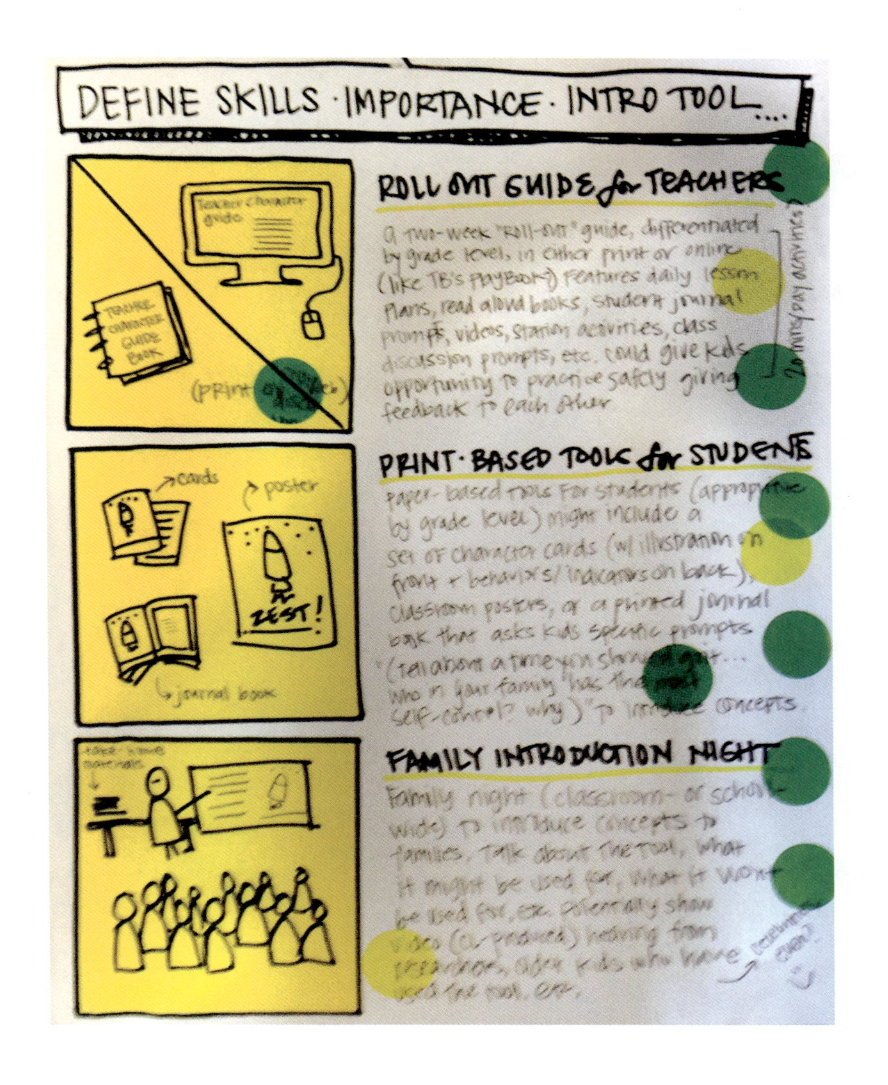
DEFINE SKILLS · IMPORTANCE · INTRO TOOL....
ROLL OUT GUIDE for TEACHERS
a two-week "roll-out" guide, differentiated by grade level, in either print or online (like TB's playbook) features daily lesson plans, read aloud books, student journal prompts, videos, station activities, class discussion prompts, etc. could give kids opportunity to practice safely giving feedback to each other
PRINT · BASED TOOLS for STUDENTS
paper-based tools for students (appropriate by grade level) might include a set of character cards (w/ illustration on front + behaviors/indicators on back), classroom posters, or a printed journal book that asks kids specific prompts
FAMILY INTRODUCTION NIGHT
Family night (classroom- or school-wide) to introduce concepts to families. Talk about the tool, what it might be used for, what it won't be used for, etc.
cards
poster
ZEST!
journal book

サイレント評価※8

ストーリーボードの作成にまでこぎつけることができました。お祝いに、ストーリーボードを壁に貼ってグループ全員向けに展示しましょう。それぞれの参加者が互いの成果を評価し、最もよいアイデアを選ぶための作業を始めます。

参加者に簡単なフィードバックをもらうために一番手っ取り早いのは、全員に部屋の中を歩き回ってストーリーボードを見てもらい、気に入ったものを示してもらう手法です。気に入ったストーリーボードを示すには、色のついた小さな丸いシールを貼るのが適しています。これを使えば、多くの支持を受けたストーリーボードにたくさんシールが貼られても、一目瞭然です。このようなシールがない場合には、とても小さなポストイットを使うか、ペンで印をつけてもらうようにしましょう。

ストーリーボードには名前が書かれておらず、評価は全員によって同時かつ沈黙のうちに行われます。こうすれば、すべてのアイデアを平等に扱えます。作成者の肩書きや声の大きさあるいは熱心さの影響を受けずに、アイデアの質だけを純粋に評価できるようになります。プロジェクトのスポンサーもスタートアップ企業のCEOも、デザイナーも開発者もマーケティング担当者も、インターン生も対象の分野の専門家も、誰もが平等に評価し評価されるようになります。この後すぐ行われるグループでの評価の中で、それぞれのアイデアの長所について議論する十分な機会が与えられます。

→ 手順

1. 全員のストーリーボードを壁に貼ります。
2. 小さな丸いシール（できれば、半透明の緑色のもの）のシートを配ります。
3. 各参加者がストーリーボードを見て、よいと思ったものにシールを貼ります。自分のアイデアに投票してもよく、利用できるシールの枚数にも制限はありません。
4. 貼られたシールの数を通じて、優れたアイデアが一目でわかるようになります。

難易度	低
対象	グループ全体（ただし言葉は発しません）
用具	ストーリーボード、壁、テープ、小さなシールをたくさん
禁止事項	シールを出し惜しみすること
おおよその時間	5分から10分（グループの人数による）
考案者	シールを使った投票の起源は不詳ですが、ゲームストーミング※9やDotmocracy※10で利用されています。GVのデザインスプリントの2日目に関する投稿でも取り上げられています

※8 **監訳注**：本来は「評価」ではなく「批評」であるが、「批評」は一般的に批判の意味が強くネガティブな印象があるため本書ではあえて「評価」と訳している
※9 **ゲームストーミング**：http://www.gamestorming.com/core-games/dot-voting/
※10 **Dotmocracy**：http://dotmocracy.org/

Proportional

グループでの投票

全員がストーリーボードを検討し、シールを使った投票を通じて意見を表明しました。続いては、発表されたアイデアについてより深い議論を行います。優れたストーリーボードには説明の必要はありませんが、さほど明確ではないため議論の必要があるというケースも考えられます。ここでは、あるアイデアの優れている点を指摘したり、作成者が説明を追加したりします。このようなプロセスを通じて、共同作業によるプレゼンテーションや評価と批評の手段が提供され、解決策が徐々に改善されていきます。これは「design by committee（船頭多くして船山に登る）」※11の状態とはまったく異なります。

→ 手 順

1. それぞれのストーリーボードの前に集まります。
2. このストーリーボードについて気に入った点を尋ねます。
3. 必要に応じて、問題点についても検討します。
4. ストーリーボードの作成者に、追加で説明したい点があるかどうか尋ね、発表の機会を与えます。追加の説明はなくてもかまいません。

難易度	低
対 象	グループ全体
禁止事項	ストーリーを伝えずにスクリーンショットだけを示すこと、文章が多すぎること
おおよその時間	1人当たり3分から5分
考案者	特定の起源があるわけではありません

※11 **監訳注**：「design by committee」とは、「A camel is a horse designed by committee.（ラクダは委員会によって設計された競走馬である）」という西洋の有名なことわざで、大勢で集まって意見をだすと見事に中途半端なものができてしまう、という例え

スーパー投票（任意）

作成者の説明を聞いた時点で、少数のシールを使ってもう一度投票を行ってもかまいません。この最終投票（スーパー投票）を通じて、最善のアイデアを明らかにします。プロジェクトの重要なステークホルダーの意向を反映させるため、ここでは彼らに複数の投票権を認めるということも可能です。アイデアの準備ができたと判断したら、投票のプロセスを始めます。全員が1票ずつ、アイデアの隣にペンやシールあるいはポストイットを使って意思表示します。色付きのシールを使うのがよいでしょう。得票数の最も多かった1つまたは複数のアイデアが、最善のコンセプトを表しているということになります。

このような形式の投票には、チームや企業での意思決定の構造を反映できるという特色があります。例えばCEOがプロダクトに関するすべての最終的な判断を行うという場合には、このしくみを尊重してCEOだけに3票を与えるということが可能です。あるいは、決定権を持っているのはUXディレクターや、プロダクトとデザインの共同責任というケースもあるでしょう。いずれの場合でも、意思決定者に多くの投票権を与えるようにしましょう。

本来、投票のプロセスは実力主義的です。しかし、それは組織のしくみに必ずしもマッチしません。正直、全員一致による意思決定はデザインの質を損ねます。また意思決定者のサポートが得られない意思決定ほど、望ましくないものもありません。不文律が定められている組織では、ルールの明文化に違和感があるかもしれません。しかし長期的には、明文化のメリットを感じられるはずです。

この段階ではアイデアを生み出しているだけであり、最終的な決定はまだ行われていません。多くのシールや投票を集めたからと言って、そのアイデアが「決定」フェーズでの選択に影響するとは限りません。改善の余地や、別のアイデアが現れる可能性も残されています。

一部のデザインスプリントではこの作業が行われず、「決定」フェーズで関係者が意見を述べるということもあります。特定の人が大きな発言権を持っているということを、早い時点で示すのは望ましくないと判断されることもあります。とは言え、このような投票を簡単にでも行うことには、予想される結論についてあらかじめ知ることができるというメリットもあります。

→ 手順

1. 全員に対して小さなシールを1枚または2枚だけ配ります。別の色のシールを使うか、同じシールにペンで印をつけたものを使います。
2. 重要な意思決定者に追加で2枚または3枚のシールを配ります。
3. 先ほどと同様に、ストーリーボードにシールを貼ってもらいます。

難易度	**低**
対象	**グループ全体**
禁止事項	**重要なステークホルダーに多くのシールを配るのをためらうこと**
おおよその時間	**約5分**
考案者	**シールを使った投票に重み付けの概念を適用したのはJake Knappです。シールによる投票についてはP.172「サイレント評価」の考案者の項を参照**

もっと(もっと)解決策を生む

アイデアを生み出す最初のサイクルを終えて、ほっとしていることと思います。いったん休憩をとりましょう。

休憩を終えて、参加者がアイデアを作るサイクルでの感触に慣れてきたところで、もう一度同じサイクルを行ってさらに多くのアイデアを考えましょう。ユーザージャーニーマップの一部に着目していた場合は、今度は別の部分に目を向けましょう。あるいは、デザインスプリントの範囲を絞って、ユーザーによる特定のインタラクションだけについてより深く検討することもできます。

サイクルを繰り返すたびに、アイデアを考えるのが楽になっていきます。参加者はすでに準備ができているので、今回はマインドマップを作る必要がなく、いきなり8アップから始めてかまいません。作業の内容は先ほどと同じなので、ここでは繰り返しません。すでにコツをつかんでいるはずなので、すばらしいアイデアがもっと生み出されることでしょう。

2回目以降のアイデアを生み出すサイクルでは、以下の手順で作業が行われます。マインドマップの作成以外の作業が行われます。

8アップ(別名クレイジー8)	10分以内
ストーリーボード	20分以内
サイレント評価	10分以内
グループでの評価	1人当たり3から5分
スーパー投票(任意)	5分以内

☑ 個人でのワイヤーフレーム作成

アイデアを考える最後のサイクルでは、ユーザーがプロダクトを利用するフローを各自で作成するというのもよいでしょう。このサイクルの初期ではユーザーと周囲の状況や課題あるいは行われるべき作業に注目していましたが、ここではプロダクト自体に注目します。

現時点ではまだ、プロダクトについてグループ内で合意する必要はありません。この後の「決定」フェーズで、合意に達するための時間が用意されています。

ここでの作業は、2つの点を除いて以前のサイクルと同様です。まず、ストーリーボードではなくプロダクト全体のワイヤーフレームが作成され評価されます。また、これまでの作業を通じてすでに十分なインスピレーションが得られているため、8アップを再び行う必要はありません。

そこで、今回のサイクルでは次のようなメニューで作業が行われます。

ワイヤーフレームの作成	30分以内
サイレント評価	10分以内
グループでの評価	1人当たり3から5分

参加者がワイヤーフレームを描ける段階にない、あるいはこれまでのサイクルを繰り返してより多くのストーリーボードを作りたいという場合には、ワイヤーフレームの作成を省略してもかまいません。この判断は読者のみなさんに任されています。

ワイヤーフレームの作成

ワイヤーフレームとは、プロダクトを利用する際の画面のフローを大まかに描いたものです。最終的なプロダクトは包括的なものになるかもしれませんが、この段階で作成するのは最低限の実行可能なものでかまいません。制限時間を守り、作成に30分以上かけないようにしましょう。

それぞれの画面について、ユーザー体験の完全なデザインをめざす必要はありません。基本的な機能に着目するだけでも十分です。詳細度のかなり低い画面が作られることになります。

ワイヤーフレームは大きなポストイットに描くのがよいでしょう。「決定」フェーズで、各メンバーが描いた画面を組み合わせて完全なワイヤーフレームを作る際に好都合です。

また、この段階ではエラーなどが起こらない場合の流れ(フロー)だけ考慮するほうがよいでしょう。あまり発生しないケースや、エラー処理については現時点で考慮する必要はありません。アプリの中でどのようなフローが主に発生するか理解することが、ここでの目的です。

→ 手 順

1. 紙に大きなポストイットを貼ります。
2. ユーザージャーニーマップ全体の中で発生するすべてのインタラクションについて、ワイヤーフレームを作成します。

難易度	中から高
対 象	個人
用 具	A4や手頃なサイズの紙、ポストイット
禁止事項	頻度の低いフローや重要度の低いフローを含めること、完全なUXをめざすこと
おおよその時間	約30分
考案者	ワイヤーフレームによる表現の起源は、ルネサンス期にまでさかのぼります。デジタルなワイヤーフレームは、コンピューターを利用したプロダクトデザインのプロセスの中で1980年代に生まれました

今日の作業のまとめとして、1日に考えたアイデアを思い返してみましょう。デザインスプリントの中で、アイデアを生み出す作業が最も楽しいとされることがよくあります。幼い子供のように自由かつ創造的に考え、アイデアを描くことができたでしょう。

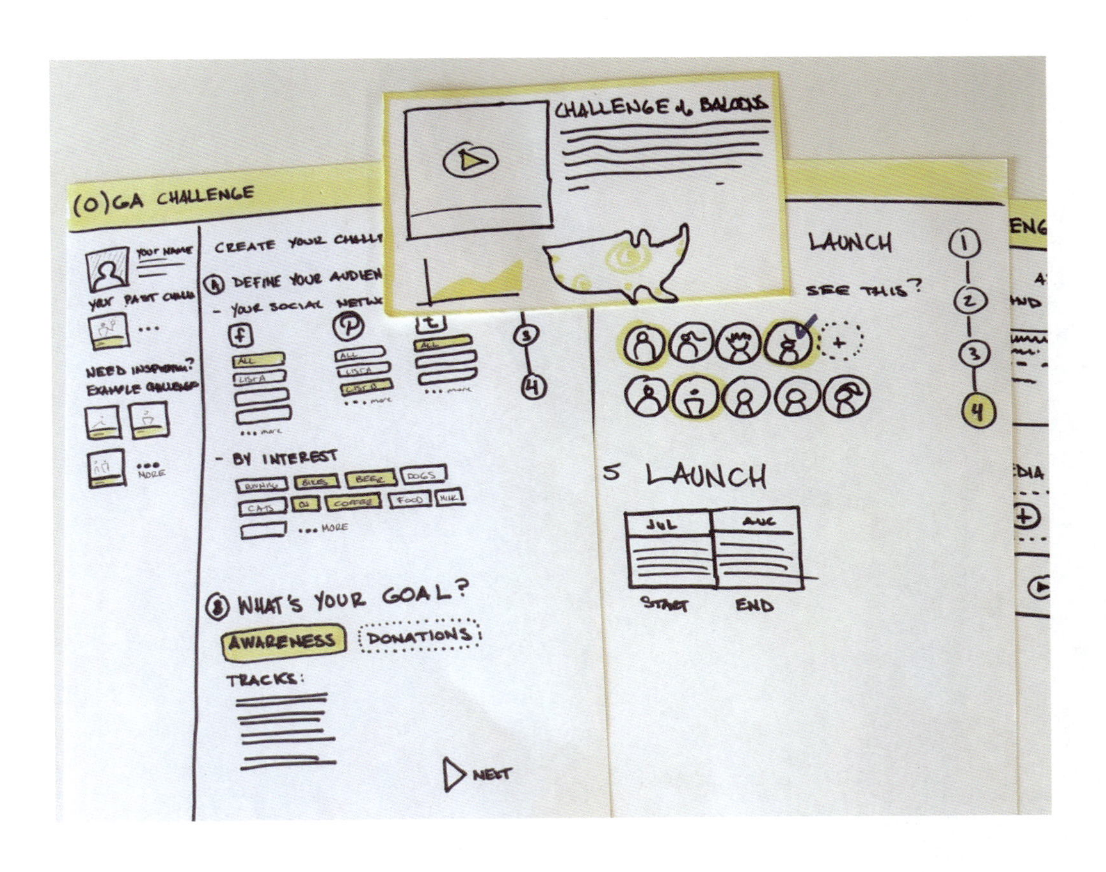
(O)GA CHALLENGE
YOUR NAME
CREATE YOUR CHALL
DEFINE YOUR AUDIEN
- YOUR SOCIAL NETW
NEED INSPIRATION?
EXAMPLE CHALLENGES
ALL
LISA A
- BY INTEREST
BIKES
BEER
DOGS
CATS
COFFEE
FOOD
MILK
... MORE
WHAT'S YOUR GOAL?
AWARENESS
DONATIONS
TRACKS:
NEXT
LAUNCH
SEE THIS?
5 LAUNCH
JUL
AUG
START
END

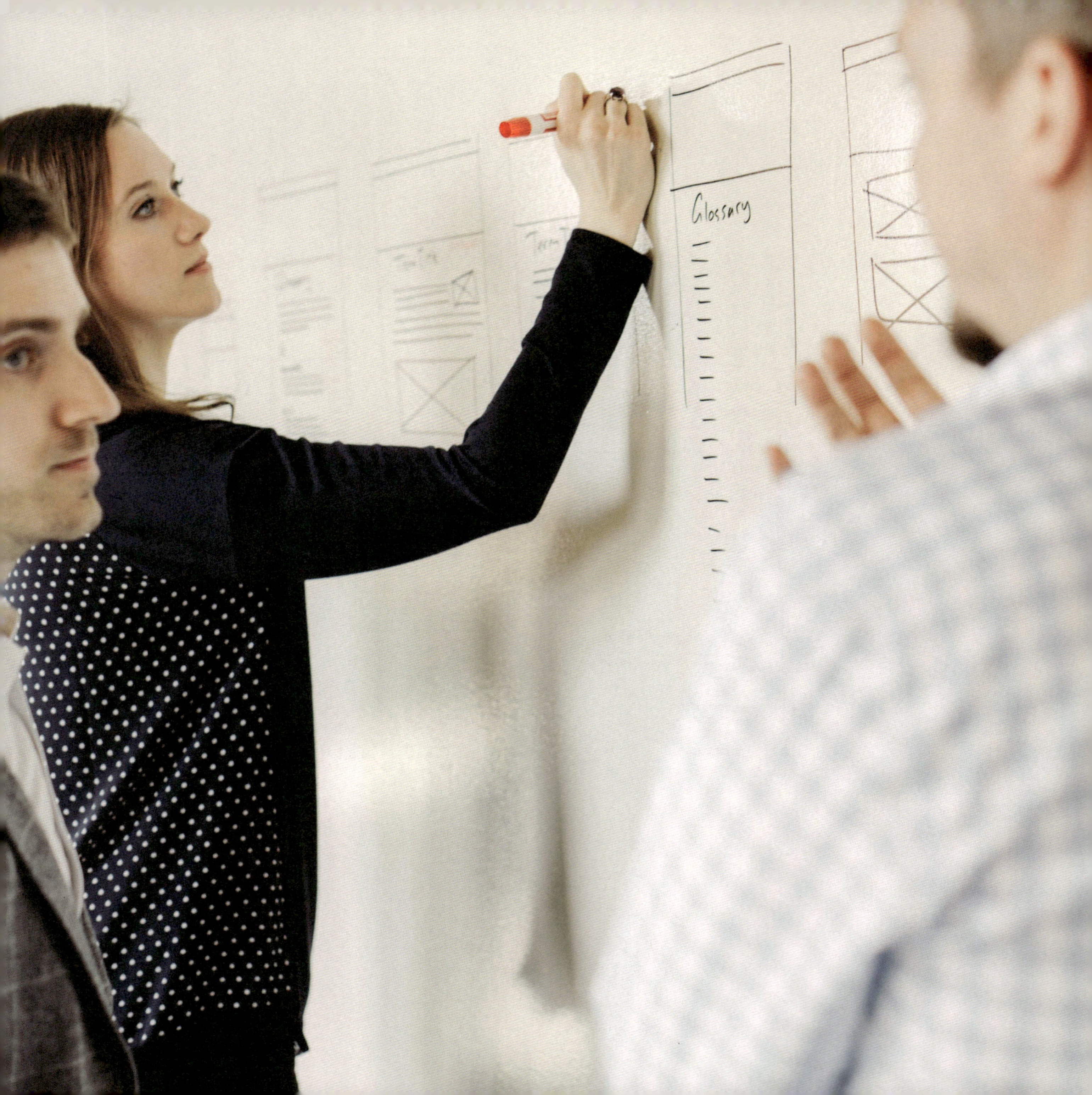
Glossary

フェーズ② 「発散」のまとめ

- グループとしてではなく、一人ひとりがアイデアを生み出すことによって最も高い効果を得られます。

- 「発散」フェーズでは、アイデアの質よりも量のほうが重要です。質を高めるための作業は次のフェーズで行います。

- 今までの自分を振り返り、古いアイデアも思い出して発表しましょう。すべてのアイデアが真新しいものでなくても大丈夫です。

- アイデアを十分に得るためには、作業を繰り返さなければならないこともあります。

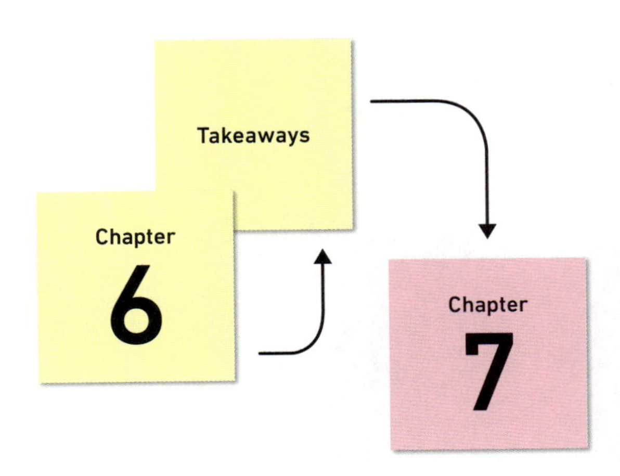

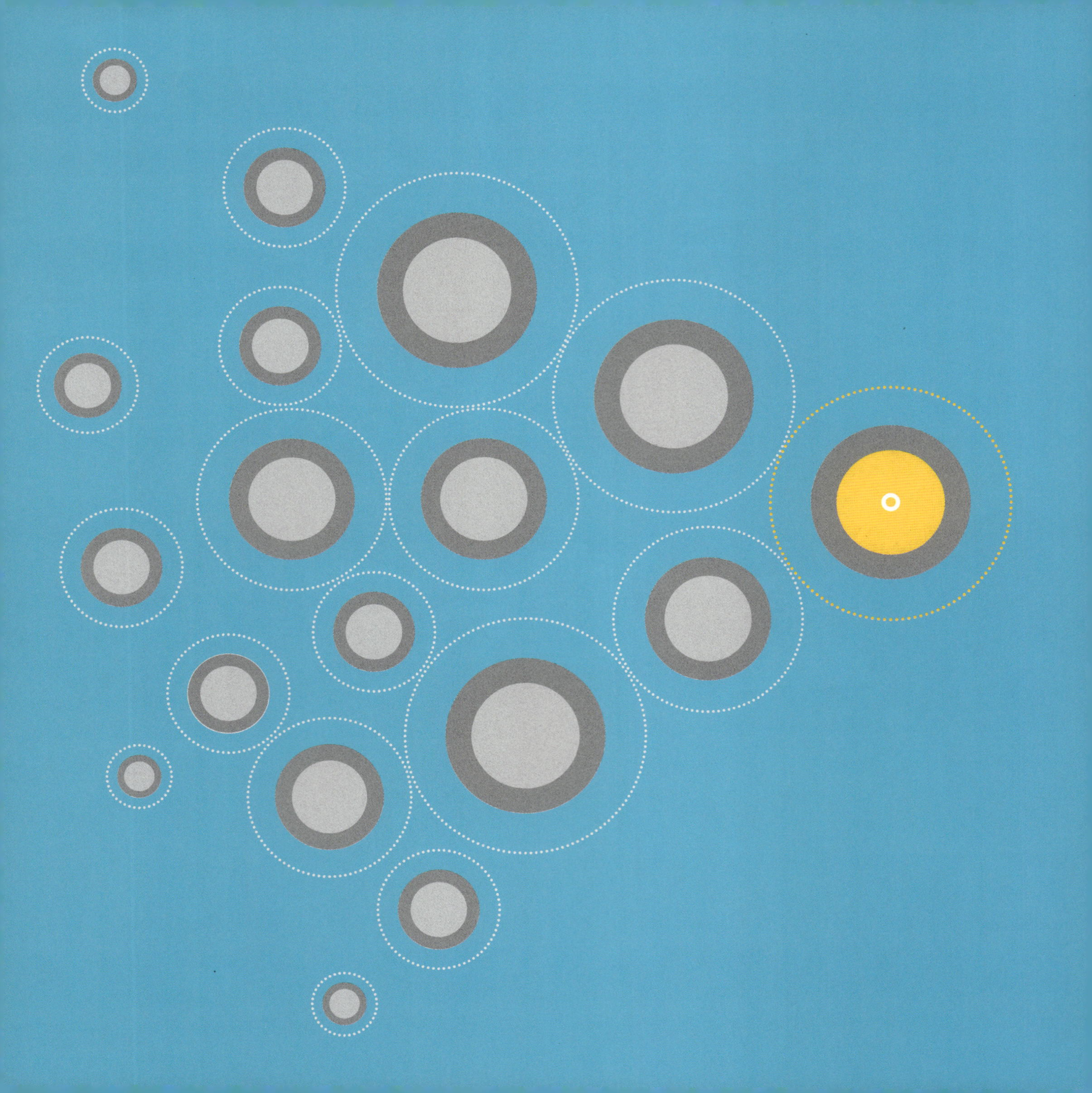

Chapter 7

フェーズ③ 決定

デザインスプリントも中盤を迎えました。ここまでに多数のアイデアを考えてきましたが、ここからは選択肢を絞り込む作業を行います。「決定」フェーズでは、プロトタイプと評価に値するものを厳選します。

自分が選んだ課題の解決方法について、適切（そして時として困難）な議論を行うことに注力します。そうすることで、効果の高い解決策をデザインできるようになります。しばしば激しい議論が繰り広げられることになるでしょう。全員の意見がすべてにおいて一致するということはあり得ません。

ここまでに、選択肢として多数のアイデアが生み出されてきました。さらに可能性を広げるのではなく、ふるいにかけて収束させる作業がこれから始まります。

チーム全員の意見を取り入れることで、最高の知見が生まれます。デザイナーや開発者、エグゼクティブ、顧客サービスやマーケティングの担当者、みな異なる視点や解決策を持っています。開かれた議論を心がけましょう。

重要度の高い判断を行う際には、主なステークホルダーが出席していなければなりません。デザインスプリントのすべての作業に参加できないという場合でも、「決定」フェーズには参加してもらいましょう。1日を通しての参加が難しいというなら、ストーリーボードやワイヤーフレームを収束させる作業にだけは顔を出してもらってください。そして作業の間は、メールや電話あるいはミーティングなどのために抜け出すことがないようにお願いしましょう。意志決定のプロセスに関係者を組み込みましょう。何らかのビジネス上の理由で解決策への変更が必要という場合には、デザインスプリントの終了までに十分な時間がある段階でその変更について説明してもらってください。以降に変更を求められる可能性を少なくする必要があります。

「決定」フェーズで行われること

☑ **作業の開始**	30分以内
☑ **詳細な作業**	3.5時間以内
☑ **ワイヤーフレームの仕上げ**	3時間以内

推奨されるアジェンダ

☑ **作業の開始**	-「発散」フェーズの説明	5分以内
	- ピッチの練習（もう一度！）	5分以内
☑ **詳細な作業**	- 背景の確認	10分以内
	- 仮定のおさらい	45分以内
	- 1万円テストとリスクの発見	15分以内
	- 代替案の特定	45分以内
	- 2×2のマトリックス	30分以内（任意）
☑ **プロトタイプのワイヤーフレーム**	- チームでのスケッチ作成	25分以内
	- 異論の儀式	5分以内
	- チームでのスケッチ作成	25分以内
	- 決定サイクルの繰り返し	5分以内
	- 最終スケッチの作成	2時間以内
☑ **まとめ**	- 1日の振り返り	15分以内

ここまでと同様に、デザインスプリントのプロセスは柔軟だということに留意しましょう。我々にとってうまくいった作業を紹介しますが、作業を追加や省略、あるいは変更してもかまいません。みなさんの経験にもとづいて、各自のデザインスプリントでの目標に合わせて修正してください。

作業の開始

BBCでDirector of User Experienceを務めるDan Ramsdenは、ダーウィンの進化論に例えて以下のように語っています。

――自分が生み出した大切なアイデアの中にも、さほど優れていないものがあるということを受け入れましょう。優れたアイデアに集中するために、優れていないアイデアは切り捨てなければなりません。このルールのおかげで、デザインスプリントの効率は大きく高まります。優れていないアイデアを正当化する暇もないからです。これは進化論的なデザインだと言えます。短い時間しか与えられないため、最適なものだけが生き残るようになっています。進化論に背くような試みは、きっと機能しないでしょう。

健全な議論はデザインスプリントによい効果をもたらします。より幅広い観点からの議論ができれば、その分だけ成果の質は高まります。それぞれの観点が衝突しても、妥協を求めないほうが望ましい結果を得られるでしょう。

グループでの活動では、引っ込み思案あるいは寡黙な参加者が無視されたり結論を無理強いされたりすることがよくあります。ファシリテーターはグループ全体にとってのニーズに気を配り、すべての意見を取り込むようにしなければなりません。全員に参加を求めると同時に、個性の強い参加者が議論を支配してしまわないように注意する必要があります。筆者がファシリテーターを行ってきたデザインスプリントのほとんどで、このような傾向が見られます。みなさんのデザインスプリントでは避けたいものです。

多数の著作を持つマーケティングの権威Seth Godinは、「好意的な懐疑論者」の重要性を訴えています。彼らはアイデアへの懸念を隠さず、かつ他人がまだ気づいていないような知見を示してくれます。「The generous skeptic」の中で、Sethは以下の

ように述べています。※1

—— 好意的な懐疑論者は発言にリスクを負っています。相手が反論したり、黙らせたり、目を合わせなかったり自己防衛的な態度をとったりするなら、発言は無駄になってしまいます。貴重な意見を述べたのにそれが生かされず、しかも相手から失礼なふるまいを返されてしまうからです。(中略)「いいえ、あなたは間違っています。あなたは理解していません」ではなく、「詳しく教えてください」というのが有益で生産性の高い応答です。

LogMeInでUXとProduct Designのシニアディレクターを務めるBrian Colcordも、デザインでの評価の重要さを以下のように表しています。

—— 評価というのはある種の技術です。人はフィードバックや「ここをこう変えてくれ」といった意見を批評ととらえがちです。これは正しくありません。ビジネスアナリストに「私はこの分野をあなたよりもよく理解しています。あなたがこれこれを行っていないのはなぜですか」のように言われたくはないのと同じことです。ここで、デザインスプリントやデザインスタジオの考え方がとても役立ちます。デザインのプロセスに全員を参加させ、共通認識をもつことができます。方向性を理解し、実現するために行うべき作業を理解することができます。

彼は以下のようにも述べています。

—— 評価を行う際には、自分の意見とは異なる基準にもとづいて目前の課題を整理する必要があります。あるペルソナやユーザーあるいは何らかの考え方にとっての課題を探します。「ここをこうするべきです。私はそう思います」ではなく、「これはうまくいかないのではないでしょうか。この判断はどのようにして行われたのですか」と問いかけるべきです。

※1 Seth Godin「The generous skeptic」(2013年11月11日) http://sethgodin.typepad.com/seths_blog/2013/11/the-generous-skeptic.html

決定の準備

このフェーズでは、優れたアイデアを選びあるいは統合し拡張します。そのためには、それぞれのアイデアをはっきりと思い出す必要があります。誰のためにどんな課題を解決しようとしているか再確認し、自分が作ったものの中でどれが重要なのか考えましょう。

最初に行うのは、「発散」フェーズで行ったことと同じです。「理解」フェーズで定義したもの（事実と先入観、課題の定義、ペルソナ、ユーザージャーニーマップ）を確認します。もちろんすぐに思い出せることでしょう。

続いて、「発散」フェーズで作成したさまざまなアイデアを振り返ります。

ここまでの作業をすべて確認できたら、すべてのアイデアを分解して優れた部分を組み合わせます。この作業の多くは、より大きなグループで行われます。

全員に発言の機会を与えることは大事ですが、「船頭多くして…」の状態は避けなければなりません。発言者の視点も尊重するべきですが、反対意見を述べるのをためらってはいけません。ここではいい人である必要はありません。

参加者はアイデアに対して、本気で立ち向かって戦うことを勧めましょう。GVのJake Knappは、デザインスプリントの3日目に関するブログ記事でこのように述べています。

――「船頭多くして船山に上る、の状態は避けるべきです。健全な議論が行われているなら、妥協点を探したり合意へと誘導したりする必要はありません。対立する意見のどちらかを支持し、かつ反対の意見も捨てはしないという態度を参加者に勧めてください」

また、「合意に達しない場合には決定権を持つ人に裁定してもらえばよい」とも彼は述べています。

3章で登場したMacMillanのAlex Britezは、「決定」フェーズで関係者の支持を得ることの重要性を強調しています。彼は社内の各所を回ってフィードバックを集めています。「私達は別の関係者のグループを招いて、アイデアに関する今後の方向性の議論に参加してもらっています。ここには技術者や研究者も招かれます。彼らの助言を得て、それぞれのアイデアの中からどの部分を実際に「評価」のフェーズで検証するべきか判断し、優先順位づけを行います」と彼は語っています。

「決定」フェーズは、関係者全員にデザインスプリントの成果物を支持してもらうための鍵になります。デザインスプリントの成功にとって、ここでのフィードバックのサイクルは不可欠です。

1万円テストとリスクの発見

「発散」フェーズで作成した大量のアイデアは、グループ全員で1つずつ見直すには多すぎます。そこで、この「1万テスト」[※2]では全員が個別にすべてを検討して理解し、多少の制約の下で「決定」のプロセスに弾みをつけることをめざします。時間と関心、そして労力を割くのに値するアイデアを示してもらえる方法があります。

まず参加者全員に対して、1万円分の偽物のお金を配ります（本当のプロダクトが1万円で作れればと思いますが、そうはいきません）。

そして「発散」フェーズで行った投票の作業と同様に、それぞれの参加者が優れていると思うものに「投資」してもらいます。ただしここでは、今までに作られたすべてのものが投資の対象です。ストーリーボードもワイヤーフレームも、8アップで描かれたものさえも含まれます。

必要なら、重要な意思決定者に追加のお金（例えば5,000円）を配れるという点も、以前の投票と同様です。この際の金額はあまり多くするべきではありません。一般の参加者による投資の価値が低いとしたら、意欲が削がれてしまうでしょう。

すべてのアイデアの中から最善のものを選ぶ際に、リスクを含むであろうアイデアに目印をつけておくとよいでしょう。Macmillan EducationのDigital Innovation担当ディレクターAlex Britezは、このための方法を次のように説明しています。

> —— 参加者に色つきの小さなシールを配ります。赤がリスクを表し、その他の色が価値を表します。ここでの意図は、今まで考慮されていなかったリスクをすべてかつ迅速に明らかにするという点にあります。参加者は、フィードバックを記入するためのポストイットも利用できます。このポストイットに書かれていないフィードバックは、なかったものとみなされます。

リスクの指摘と投資は同時に行うこともあり、別々に行うこともあります。繰り返しますが、デザインスプリントのプロセスは柔軟です。理にかなっていさえすれば、どのような形式で作業を行ってもかまいません。みなさん自身やチームにとって最善と思われる方法を取り入れましょう。

※2 原書では「$100 Test（100ドルテスト）」とされていたが、本書では「1万円テスト」とした

→ 手順

1. 小さなポストイットを参加者に配ります。以前に使った小さなシールとの見分けがつきやすいものを使いましょう。少なくとも、色は別にしてください。
2. これから行うのは人気投票ではなく、先ほどの投票とも無関係だということを強調します。
3. 参加者は部屋の中を歩き回り、自分が重要だと思うアイデア（複数可）にポストイットを貼ります。そしてそのアイデアに投資する金額を記入します。
4. 投資の合計額が1万円（または、事前に決められた額）を超えないようにします。不正は禁物です。
5. 1件当たり1,000円以上投資してもかまいません。1つのアイデアに1万円すべてというのは多額すぎるかもしれませんが、3,000円から4,000円の投資はよく行われます。
6. （任意）赤い小さなシールかポストイットを配り、リスクがあると思われるアイデアに貼ってもらいます。リスクに関する説明を別のポストイットに書いて貼ってもかまいません。
7. 各自で部屋全体を見渡し、多くの人に重要と思われているアイデアを探します。

難易度	低
対象	個人
用具	「発散」フェーズで作成したものすべて、小さなシールやポストイット
おおよその時間	10分から15分
考案者	小さなシールによる投票を発展させたものです。この種の投票の起源は明らかではありません。プロのファシリテーターは1980年代からこの方法を行っていました

代替案の特定

「発散」フェーズでは、1つの課題に対して複数の解決策が考えられることもありました。2つ以上のストーリーボードが異なる方法で、共通のタスクを表していることがあります。これはまさにアイデアが「発散」している状態であり、喜ぶべきことです。ここからの作業では、これらの解決策の中から取り上げるべき1つを選びます。

特に収束させなければいけない部分は、同じアイデアの異なっている部分です。例えば、ストーリーボードAの2コマ目とストーリーボードBの3コマ目が同じタスクを別の方法で実現しているとします。これらの中からどちらかを選ばなければなりません。あるいは、2つのストーリーボードを分解して新しいストーリーボードを作るということも考えられます。いずれにせよ、ある程度の部分は切り捨てられる必要があります。これが「決定」です。

2つの競合するアイデアがともに有望だという場合には、どちらかを選ぶのではなく、両者をともに検証できるような方法を探しましょう。作業の範囲が広がることになるため注意が必要ですが、ユーザーにとってどちらがより多くの共感を得られるか知ることは大切です。両者の違いを通じて、見逃していたかもしれないアイデアを新たに検討するチャンスも与えられます。異なるアプローチや競合するアプローチは、プロダクトでの選択肢を示しています。

→ 手順

1. ユーザージャーニーマップを壁やホワイトボードあるいは巨大なポストイットに貼り付けます。ユーザージャーニーマップに大量のポストイットが貼られている場合には、写真を撮った上ですべてはがすか、新しく描きなおします。
2. 参加者はストーリーボードやワイヤーフレームからポストイットをはがし、ユーザージャーニーマップ上の該当する箇所に貼ります。描かれている内容を見返せるように、事前にストーリーボードなどの写真を撮っておくとよいでしょう。
3. 同じ課題への異なる解決策を並べて配置し、比較しやすいようにします。
4. また、アイデアを簡単にメモレベルでポストイットに記入し、ユーザージャーニーマップの該当する位置に貼ってもらってもかまいません。
5. 代替となる解決策の組み合わせについてグループ全体で検討し、それぞれの相対的なメリットについて議論します。
6. 競合する選択肢がまだ残されていないかどうか、ブレインストーミングや議論を行います。見つかったら書き出します。

難易度	中
対象	個人、その後グループ
用具	ユーザージャーニーマップ、ポストイット
おおよその時間	30分から60分
禁止事項	前後の状況を考慮せず、狭い分野に注目しすぎて袋小路に陥ること
考案者	Andrew Cohen、Corwin Harrell、Trace Wax（以上thoughtbot）、C. Todd Lombardo（Constant Contact）

2×2のマトリックス（任意）

シールによる投票を行っても、解決策の実現例を実際のコンテキストに位置づけるのが難しいことがあります。ここで2つの座標軸を持つマトリックスを使うと、特定の条件下でアイデアを比較するのが容易になります。

アイデアの相対的な価値が明らかになるような基準にもとづいて、解決策を分類するとよいでしょう。こうすると、仮説の正しさや誤りを検証しやすくなります。

→ 手順

1. ボードに縦横の十字線を引き、4つに区切ります。
2. それぞれの線をx軸とy軸に見立て、それぞれの意味を決めます。例えば「ユーザーにとっての価値」と「実現のためのコスト」などが考えられます。
3. すべての解決策をグラフ上に配置します。
4. それぞれの適切な配置先について、チームで議論します。さまざまな立場からの意見が役立つでしょう。意見が分かれることはあっても、より適切な配置を行えるはずです。
5. 4分割された領域の中で、それぞれの象限の特性を最も表しているものを選びます。
6. それぞれの特性を体現する解決策がまだ多い場合は、1つの軸が異なる別の4象限のマトリックスを用意して同様の作業を繰り返します。

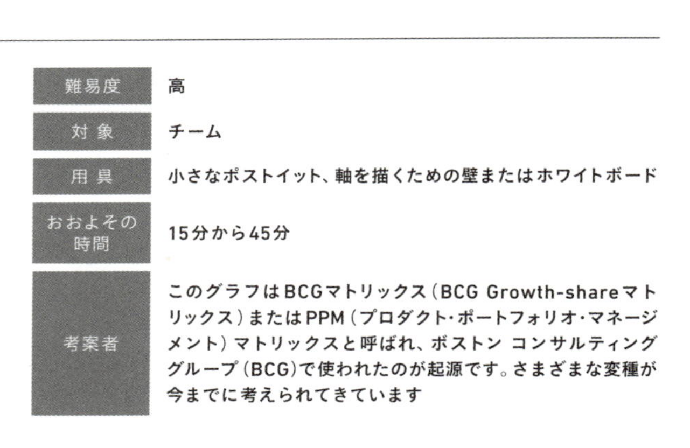

難易度	高
対象	チーム
用具	小さなポストイット、軸を描くための壁またはホワイトボード
おおよその時間	15分から45分
考案者	このグラフはBCGマトリックス（BCG Growth-shareマトリックス）またはPPM（プロダクト・ポートフォリオ・マネージメント）マトリックスと呼ばれ、ボストン コンサルティング グループ（BCG）で使われたのが起源です。さまざまな変種が今までに考えられてきています

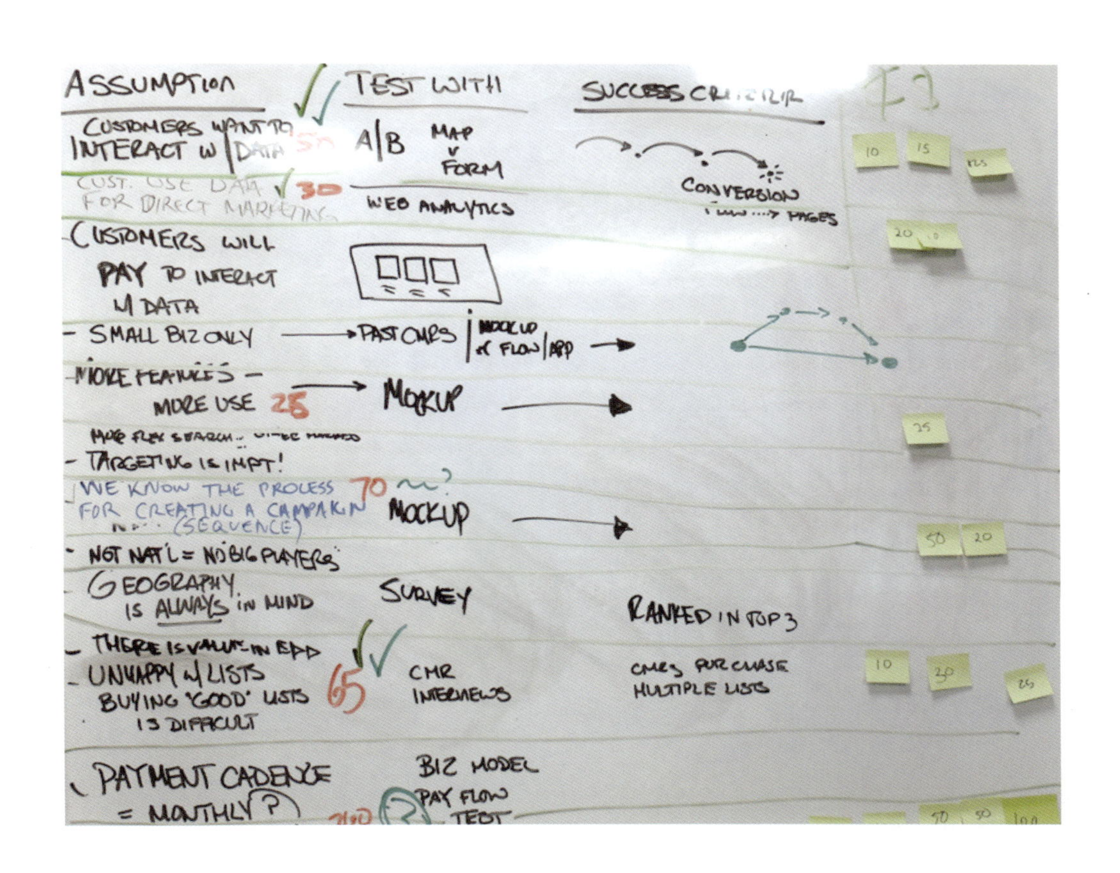
ASSUMPTION
TEST WITH
CUSTOMERS WANT TO INTERACT W/ DATA
A/B
MAP v FORM
CUST. USE DATA FOR DIRECT MARKETING
30
WEB ANALYTICS
CONVERSION
CUSTOMERS WILL PAY TO INTERACT W/ DATA
SMALL BIZ ONLY
PAST CMRS
MOCKUP OF FLOW/APP
MORE FEATURES — MORE USE
25
MOCKUP
TARGETING IS IMPT!
WE KNOW THE PROCESS FOR CREATING A CAMPAIGN (SEQUENCE)
70
MOCKUP
NOT NAT'L = NO BIG PLAYERS
GEOGRAPHY IS ALWAYS IN MIND
SURVEY
RANKED IN TOP 3
UNHAPPY W/ LISTS BUYING 'GOOD' LISTS IS DIFFICULT
65
CMR INTERVIEWS
CMRS PURCHASE MULTIPLE LISTS
PAYMENT CADENCE = MONTHLY?
BIZ MODEL PAY FLOW TEST
10
15
20
25
50
20
10
20

仮説のおさらい

ここまでの作業で、アイデアを最も優れたものから順に並べ替えることができました。しかし、まだ1つに絞りきれたわけではありません。あるものは明らかに問題がなく、リスクもないかもしれません。またあるものは、リスクがある仮説にもとづいているかもしれません。これらには検証が必要です。

決定されたワイヤーフレームやプロトタイプそして評価の計画を作成する際には、まず最もリスクの高い仮説を排除しなければなりません。もし読者のみなさんにすべてをプロトタイピングし評価する時間と能力があるなら、もちろんそうしてもかまいません。しかし現実には、すべての仮説を検証できるようなプロトタイプは作れません。

なぜ仮説に優先順位をつけなければならないかと言うと、仮説があまりにも多く1つずつの検証が難しいからです。さほど多くはないとしても、まだすべての仮説を洗い出してはいないはずです。確かさやリスクにもとづいて、仮説を優先順位づけする必要があります。それぞれの仮説はどの程度確かで、どの程度のリスクがあるのでしょうか。

→ 手順

1. 初日に行った「事実と仮定」の作業で発見された仮説をすべて、大きなホワイトボードに書き出します。
2. それぞれの仮説の右側に、「評価の手段」と「評価成功の条件」という2つの列を加えます。
3. 全員に5分の時間を与え、まだ挙げられていない仮説が残っていないかどうか考えてもらいます。見つかった仮説はポストイットに記入してもらいます。
4. 見つかった仮説をホワイトボードに記入します。必要に応じて、ブレインストーミングを行ってあと数個仮説を探してもかまいません。
5. 「評価の手段」と「評価成功の条件」の欄に記入します。「評価の手段」の欄の多くには、「プロトタイピング」と記入されるでしょう。あるいは「調査」「インタビューを行う」、またはデザインスプリントの対象外である「A/Bテスト」といった記入が見られるかもしれません。
6. 以前に行った1万円テストと同じ方法で、それぞれに優先順位を与えます。項目が多すぎる場合は、5よりも前の段階で優先順位づけを行ってもかまいません。

難易度	**中**
対象	**個人、その後グループ**
用具	**「事実と仮定」の作業でまとめた仮説の一覧、大きなホワイトボード、知らないことを認める勇気**
おおよその時間	**30分から45分**
禁止事項	**すべての仮説はすでに明らかだと思い込むこと**
考案者	**Javelin SoftwareのTrevor Owens。Eric Riesによるリーン・スタートアップ※3の方法論にもとづいています。また、Craig Launcherによるアサンプション・スマッシング※4にヒントを得ています**

※3 **リーンスタートアップ**：新しい製品やサービスを開発する際に、作り手の思い込みで顧客にとって価値のないものを作ってしまうような事態を避け、適切な製品やサービスをより早く生み出し続けるための方法論。『リーン・スタートアップ　ムダのない起業プロセスでイノベーションを生みだす』（日経BP社、2012年）を参照

※4 **アサンプション・スマッシング**：テーマの前提や常識を破壊して、新たなアイデアを生み出す発想法

プロトタイプのワイヤーフレーム

ここで、すべてが1つにまとめられます。仮説に優先順位をつけ、ユーザーのストーリーを明らかにし、ユーザーの行動もわかりました。最も有望と思われる一連のストーリーボードも作成でき、想像もしていなかったアイデアを得ることができました。

これらをまとめて、ワイヤーフレームからなるストーリーボードを組み立てます。ユーザーとプロトタイプとのインタラクションが、クリックやタップそしてスワイプなどの操作ごとに表現されます。

この時点では、ストーリーボードのコマや画面が多すぎるということがしばしばあります。ここでの作業がそれらを絞り込む最後のチャンスであり、アイデアが具体的な形に変わる瞬間でもあります。厳しい選択を迫られることにもなるでしょう。収束のための作業はまずチーム単位で行い、続いてグループ全体で行います。

Glossary
A
accessibility
agile
TITLE
Term Title
Glossary

チームでのスケッチ作成

最善のコンセプトの印象が鮮やかなうちに、これらのコンセプトを整理する必要があります。この作業は今までに個人単位で行われてきましたが、今後はグループ全体による厳しいチェックにも耐えるようなインタラクションへと収束させる必要があります。

グループをチームに分け、それぞれのチームで1人ずつ書記（スケッチする人）を務める人を決めてもらいます。これは形式的なものではありません。指示に従って各グループがそれぞれのコマについて議論する間、書記は議論の内容と以前に作成したコマにもとづいて大きな紙に太いペンでスケッチを起こしていきます。

この作業は30分程度で一気に行ってしまうのがよいでしょう。範囲が広すぎることは望ましくないため、ユーザージャーニーマップを2つ以上に分割しましょう。そして各チームがそれぞれを1つずつ担当します。ユーザージャーニーマップの中には、プロトタイプや検証の対象にならない部分があるかもしれません。このような場合には、該当の部分を除外して作業を行いましょう。

続く「異論の儀式」の中でそれぞれのスケッチは厳しい批判や評価を受けることになりますが、今は心配の必要はありません。みなさん自身も、他者のアイデアを評価しないといけないのでお互い様です。自信を持って、自分にとって最善のアイデアを提案しましょう。そうすることでデザインスプリントのプロセスが、採用されるべき適切なアイデアを確実に浮かび上がらせてくれます。

この作業のサイクルを複数回繰り返す時間はないことが多いでしょう。したがって、ユーザージャーニーマップを分割してチームごとにそれぞれ異なる部分を作業してもらいましょう。そして、最後にそれぞれのチームからフィードバックをまとめることで時間短縮が可能です。

「決定」の他の作業と同様に、思った事、自分の考えは遠慮せずにはっきりと述べましょう。たくさんの議論が行われると思いますが、それによってスケッチが完成していくのです。

→ 手 順

1. グループを2つのチームに分けます。4人または5人以上になる場合は、さらに多くのチームにします。
2. ユーザージャーニーマップを分割し、それぞれのチームに1つずつ割り当てます。分割された部分ごとに、「スケッチ」と「異論の儀式」のサイクルが行われます。
3. タイマーを30分にセットします。
4. それぞれのチームで書記を決めます。
5. ユーザージャーニーマップの各部分で行われるインタラクションをストーリーボードとワイヤーフレームの組み合わせとして表現し、イーゼルパッドなどに記入します。人間同士のインタラクションを表すストーリーボードのコマが含まれていてもかまいませんが、大部分はユーザーとプロダクトのインタラクションを表すワイヤーフレームが占めるでしょう。
6. 描くのはチームの中で1人だけですが、他の参加者の貢献も必要です。あまり発言しないメンバーがいたら、書記の役を代わってもらいましょう。
7. 時間切れにならないように、テキパキと描きましょう。

ヒント	**描いたものを後で変更したくなりそうなら（実際にこのようなことはよくあります）、まずは消しやすいように鉛筆で描きます。そして最後の数分間で、ペンを使ってなぞるとよいでしょう。あるいは、大きめのポストイットに描いたコマをイーゼルパッドに貼るという方法もあります**
難易度	**低**
対象	**個人**
用具	**「発散」フェーズで作成したものすべて、イーゼルパッド、ペン**
おおよその時間	**30分**
禁止事項	**時間を守らないこと、描く際の会話を特定の人に支配させること**
考案者	**Will Evansによるデザインスタジオの方法論※5と、ゲームストーミングでの3-12-3ブレインストーム※6（thoughtbotのChief Design Officer、Kyle Fiedlerが採用）から発展して生まれました**

※5 Will Evans『Introduction to Design Studio Methodology』（2014年8月5日）http://www.uie.com/articles/design_studio_methodology
※6 **3-12-3 ブレインストーム**：http://gamestorming.com/games-for-design/3-12-3-brainstorm/

異論の儀式

プロダクトがどのようにユーザーのニーズを満たすかを表す、一連のスケッチを作成できました。ここでは、それぞれのスケッチを切り離して考えます。一部のスケッチはユーザージャーニーマップごとにしっかりと作られているかもしれませんが、不備や欠落あるいはユーザー体験として失敗を予想できるものも含まれているでしょう。他のチームから解決策が提案される可能性もあります。お互いに評価を行い、最もよいアイデアを明らかにしましょう。

この「異論の儀式（ritual dissent）」ではまず、それぞれのグループから1人ずつ発表者を選びます。アイデアについて発表を終えたら、発表者は回れ右をして壁の方を向きます[※7]。こうすることによって、参加者は発表者と顔を合わせずに評価を行えます。発表者が目で訴えるようなこともできないので、より率直な評価や批評が可能になります。

この作業での目標は、アイデアの落とし穴をできるだけ多く指摘し、「異論の儀式」の洗礼をくぐり抜けた解決策を明らかにすることです。容赦する必要はありません。フィードバックを行える時間は5分しかないため、遠慮のない意見をもらえるでしょう。不快感を与えるのを恐れて追及の手を緩めると、この作業は機能しません。意見を個人攻撃私的なものとは受け取らないようにしましょう。

この作業を含むサイクルは2回行う時間があります。グループが2つの場合、作業は参加者全員で行います。3つ以上の場合には、より小さなグループで作業を行います。

※7 **監訳注**：アイマスクを用いるのもひとつの手です

→ 手順

1. グループごとに発表者を決めます。
2. グループが2つの場合、それぞれの発表者は参加者全員に対して発表します。3グループ以上ある場合、発表者はより小さなグループに対して発表します。複数の発表を並行して行ってもかまいません。
3. タイマーを5分に設定します。この5分間で、発表者はあたかも相手が投資者グループであるかのようにワイヤーフレームとストーリーボードを説明します。
4. 発表は静かに聞き、問題だと思った点についてはメモをとっておきます。
5. 発表者は壁の方を向き、発言者が見えないようにします。発表者のグループの参加者も同様です。
6. 発表を聞いたグループの参加者は異論を唱えます。間違っていると思われた点すべてについて、率直に意見を述べます。可能な限り直接的に発言しましょう。ためらってはいけません。
7. 発表者とそのグループは、異論を静かに聞きメモを取ります。ここでは、反論や弁護は許されません。

難易度	**中**
対象	**グループが2つの場合は、チーム全体。2つ以上の場合は、分割されたチーム毎**
用具	**スケッチ、メモをとるための紙とペン**
発表者	**開かれた心と批判に動じない強さ**
他の参加者	**厳格な批判精神と最大限の積極性**
おおよその時間	**20分**
考案者	**Will Evans、Jacklyn Burgan** ※8

※8 Jacklyn Burgan『Intro to Agile and Lean UX』(2013年10月23日) http://www.slideshare.net/jacklynburgan/intro-leanux-turnerfinal

収束サイクルの繰り返し

ユーザージャーニーマップを3つ以上に分割した場合、複数回のサイクルが必要になります。「スケッチ」と「議論の儀式」の作業を、ここまでに説明したのと同じ方法で必要なだけ繰り返してください。他のグループが発表して自分が批評したことについて、今度は自分が発表する番になるかもしれません。つまり、それまでの批評内容を反映させた発表が可能です。スケッチの1つ1つについて、最善の解決策を提案しましょう。自分の解決策が最善と思うなら、変更の必要はありません。しかし、変更してはならないというわけでもありません。よりよい解決策を思いついたなら、それを取り入れましょう。ここでの選択は、まだ最終的なものではありません。次の「最終スケッチの作成」の中で、最もよいものを選ぶチャンスが残されています。また、ユーザーのフィードバックを受けて大幅な変更が発生することも、デザインスプリントの後で変更が必要になることもあるでしょう。

最終スケッチの作成

選択肢を2つか3つにまで収束できたなら、最終的なワイヤーフレームを作成します。この作業は先ほど行った「チームでのスケッチ作成」に似ていますが、参加者全員で行うという点が異なります。

先ほどと同様に、描くのが得意な人に書記になってもらいます。書記だけが作業を行うわけではないという点も同様です。グループ全員が貢献する必要があり、たまたま書記が記録を行うというだけです。

ここでは広いスペースが必要になります。2面のホワイトボードや、ホワイトボード塗料を塗った大きな壁がないという場合には、イーゼルパッドを使うのがよいでしょう。何枚使ってもかまいません。

最終的に、大きな漫画のようなスケッチが描かれます。小さなコマが多数含まれ、プロダクトとユーザーはスーパーヒーローのように登場します。ユーザージャーニーマップを手元に置いておき、ストーリー全体(あるいは、少なくともプロトタイプと評価の対象になるとわかっている箇所)がわかるようにします。

コマごとあるいはスクリーンごとに、チームで作られたものを多く取り入れながらスケッチが描かれていきます。その他の作業を通じて生まれたベストなスケッチやアイデアも取り込まれます。複数の選択肢の間で迷うような場合には、遠慮せずユーザーエクスペリエンスの専門家や有力なステークホルダーに質問しましょう。

→ 手順

1. ホワイトボードまたは数枚のイーゼルパッドに、大きな(コピー用紙2枚分程度)のグリッドを描きます。
2. グリッドのそれぞれのコマに、ユーザーがプロダクトを操作している際のスクリーンについて議論して描きます。グループまたは各自で作成したスケッチを参照してもかまいません。全員が意見を述べるようにしましょう。
3. ユーザージャーニーマップの中でプロトタイプと評価を行おうとしていた部分すべてについて、スケッチを作成します。
4. 対象の範囲が広すぎると感じたら、最も評価を必要としている重要な領域にだけ注目してもかまいません。

難易度	**高**
対象	**グループ全体**
用具	**複数のホワイトボードまたはイーゼルパッド**
おおよその時間	**1時間から2時間**
禁止事項	**書記1人にスケッチの作成を任せ、フィードバックを述べずに黙っていること**
考案者	**グループでのワイヤーフレーム作成は近年になって広く行われるようになってきました。GVのJake Knappは、プロダクトデザインスプリントに関するブログ記事の中でこのプロセスを解説しています**

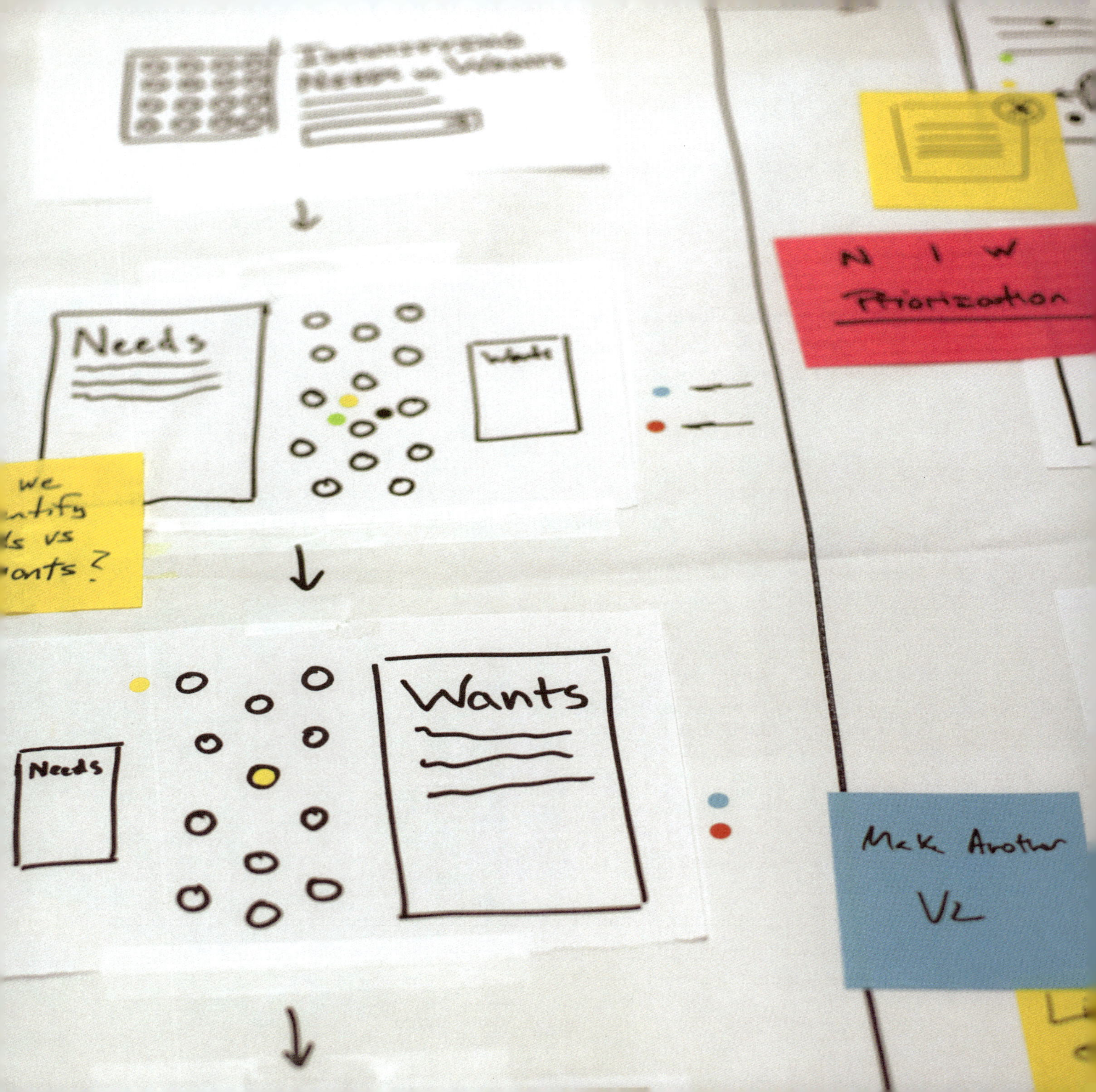
Needs
Wants
Wants
Needs
N I W
Priorization
Make Another
V2

Takeaways

フェーズ③ 「決定」のまとめ

- すべてのアイデアを検証する時間はありません。アイデアを取捨選択し、優先順位をつける必要があります。

- 選ばれたインタラクションについてストーリーボードを作成し、これを元にワイヤーフレームを描きましょう。

- 引っ込み思案な参加者にも発言してもらいましょう。

- 主要な関係者に参加してもらいましょう。

- 参加者全員の関与を促すための実証済みでしかも楽しい方法です。これらの手法を活用して、最善の成果を得ましょう。

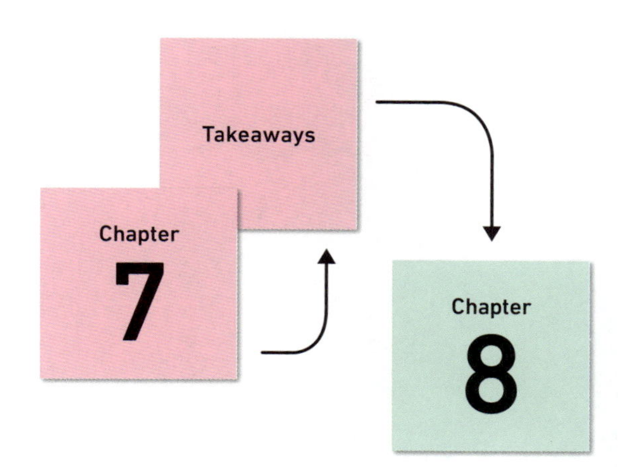

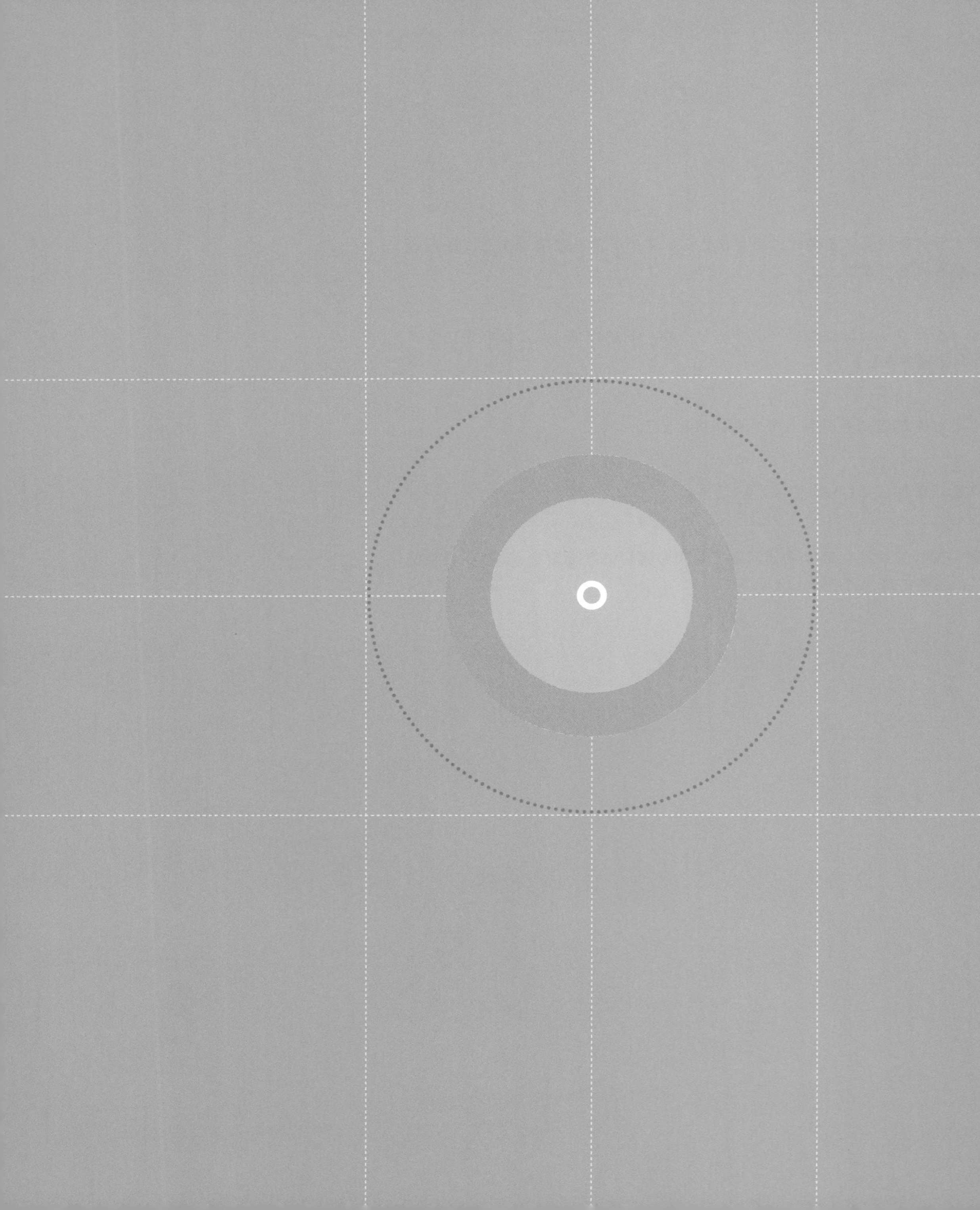

フェーズ④

プロトタイプ

Chapter

8

作成の対象が絞り込まれ、準備が整いました。続いてはプロトタイプを作成します。やっつけ仕事でも、ディティールが低くても、もちろん高くてもかまいません。プロダクトのプロトタイプはすべて、頭の中にあるアイデアを具体化したものです。このようなプロトタイプ（試作品）は完全なものである必要はありませんが、チームで定義した仮説を検証するのに十分な詳細さは求められますが、完全を求めることがここでの目標ではありません。プロトタイプを実際のプロダクトに似せるために苦労を続けても、役には立ちません。めざすべき目標は、ユーザーがインタラクションを行えるようなものを作ることです。これを通じて仮説を検証し、仮説の正誤を確認できることが求められます。プロトタイプのための時間は1日しかないことが多いため、必要最低限の詳細度さえあれば十分です。

「プロトタイプ」フェーズで行われること

- インタビューのスケジュール調整と確認　1時間以内
- プロトタイプの作成　6時間以内
- 評価プランの最終決定　30分以内

推奨されるアジェンダ

プロトタイプするのみです。日程を考える必要はないでしょう。

インタビューのスケジュール調整と確認

ユーザーとターゲットとなるペルソナの突き合わせ

評価の被験者とのスケジュール調整がすでに済んでいるなら、予定よりも先行しているということになります。被験者がここまでに特定してきたペルソナとマッチしているなら、さらによいでしょう。どちらにも該当しないという場合は、急ぎましょう。デザイナーや開発者がプロトタイプを作成している間に、他の参加者は評価への参加依頼やスケジュール調整を行います。

被験者の探し方と勧誘

被験者の探し方はペルソナごとに異なります。大都市で作業を行っており、かつペルソナが一般消費者だという場合には、求人誌に告知を出したり街頭で勧誘するということも可能です。しかし、『Lean UX for Startups』※1の著者Laura Kleinはコーヒーショップでゲリラ的に無作為に被験者を探すといったやり方に反対しており※2、筆者も同意見です。まず、このようなやり方は気持ちの悪いものです。また、ターゲットとしているユーザーが見つかるとも限りません。ペルソナやユーザージャーニーマップに当てはめたさまざまな人物像を思い出してみましょう。想定した通りの課題を抱えており、まさにそのような一連の作業を始めようとしている人が見つかるでしょうか？

既存のユーザーや顧客

対象となるユーザーや顧客がすでにいるなら、その中から選ぶというのはよい方法です。社内の営業やマーケティングのチームが、ターゲットとするべき既存の顧客を知っていることはよくあります。Constant ContactのInnovationチームにはテストドライブというしくみが用意されています。Constant Contactが抱える小規模な顧客のうち、新しいプロダクトやサービスを検証しフィードバックを行うことに同意してく

※1 Laura Klein『Lean UX for Startups』(O'Reilly Media、2013年。和書未刊)

※2 Laura Klein「Stop Accosting People in Coffee Shops」
https://medium.com/user-research/stop-accosting-people-in-coffee-shops-fd95c1629b5a#.bbim6pshe

れた、7,000以上の企業がネットワーク化されています。Trace WaxとRichard Banfieldは顧客との緊密な共同作業を通じて、評価に適したユーザーを特定し勧誘しています。さらにRichardらのチームは、Alzheimer's Associationやパーキンス盲学校などの組織とも協力関係を築き、プロトタイプのアクセシビリティを評価・検証する際の被験者も確保しています。

求人誌

三行案内や求人などの大規模なプラットフォームが、世界中に多数のコミュニティーを形成しています。ここに短期作業の募集告知を出し、さまざまな種類の評価を行うユーザーを募ったこともあります。ただしこの場合、いくつか質問(後述)を行ってユーザーを慎重に選別する必要があります。求人の告知には否定的な意見もあり、被験者の選定には慎重さと適切な選別が求められます。なぜならば、誰かがプロトタイプを行っているとしても、多くの人にとっては関係のないことだからです。

Amazon Mechanical Turk (MTurk)

これはクラウドソーシングのネットワークです。タスク(Human Intelligence TasksまたはHITsともいう)と呼ばれる簡単な作業を引き受けてくれる人々が世界中から登録されており、きわめて安価に被験者を集められます。高品質な成果は期待できず、対象のカテゴリーを狭めすぎると十分な数の被験者が集まらないこともあります。しかも、MTurkのユーザーの多くはいい加減に作業を行って間違った答えを返すこともあります。選別のための質問を作業に含めて、不適切なテスト結果は除外しましょう。

パネルエージェンシー

Op4G（Opinions for Good）[※3]や**Research Now**[※4]などの非営利組織を対象としたマーケティング会社やリサーチ会社のサービスの中は、ニーズに応じて選択可能なユーザーのリスト（ユーザーパネル）が提供されています。これはビジネスであり、利用には直接原価と必要経費がかかります。しかしこれは価値のある投資です。希望にマッチしたユーザー層から、適切な評価結果を得られるでしょう。

Webベースのサービス

usertesting.comやtrymyui.comあるいはapplause.comなどのユーザーテストサイトでは、多数のユーザーの中から対象を選んでテストを行い、その様子を録画できます。テストは遠隔で行われ、ファシリテーターはいません。そのため、ユーザーとの間で直接やりとりはできません。プロダクト開発の終盤ではこのようなサービスが有用ですが、デザインスプリントにとっては最適のものではありません。ユーザーの発言内容よりも、表情やボディーランゲージのほうが多くのことを語っている場合があるためです。

ソーシャルネットワークでの人脈

FacebookやLinkedIn、そしてTwitterなどで、プロトタイプを評価するユーザーを募集しているケースがよく見られます。つてをたどりたい気持ちも分かりますが、このような場合には注意が必要です。このフェーズでは率直で批評的なフィードバックが求められていますが、知人だとこのような正直な意見が望めないことも考えられるためです。

※3 **Op4G**：非営利団体を対象とした米国のマーケティング会社。http://op4g.com/
※4 **Research Now**：オンライン、モバイル、ソーシャルメディアなどを使用している消費者の同意にもとづいた行動情報を収集する、イギリスに本社をおくリサーチ会社。https://www.researchnow.com/

ユーザーのスクリーニング

対象（つまりペルソナです！）に適合しないユーザーを除外するために、選別調査を行います。これをスクリーニングといいます。求められるタイプのユーザーだけを選び出せるように、簡単な質問をいくつか行いましょう。例としてConstant Contactで実際に行っている質問を紹介します。

1. 小さな企業を経営していますか？
2. あなたの企業はWebサイトを公開していますか？
3. あなたの企業はFacebookのページを公開していますか？
4. 企業やブランドのプロモーションのために、eメールによるマーケティングを行っていますか？
5. eメールによるニュースレターを月に何通発行していますか？

これらの簡単な質問を通じて、WebサイトとFacebookのページを持っていてeメールでのマーケティングをある程度行っている小さな企業のオーナーを発見できます。実際のWebサイトやFacebookをチェックすれば、小銭稼ぎ目的で評価に参加しようとしている人々をふるい分けられます。ちなみに、お金について言えばもう1つ注意点があります。

報酬（お金に限らず何か）を支給する

C. Todd Lombardoがしばしば使う手は、インタビューを設定する際に金銭的な報酬を何も提示しないことです。このテクニックには、お金目当てに評価に参加しようとする人を減らす効果があります。そして評価の終了後に、彼はお礼と2,500円くらいのギフトカードを送っています。このように期待させずに喜びを与えるアプローチを通じて、被験者が費やしてくれた時間が自分とチームにとって貴重なものだということを示せます。その他の報酬としては、コーヒー1杯あるいは昼食、課金制のサービスなら無料利用権、はたまた販促グッズなどが考えられます。我々が最も効果的だと考える報酬の1つに、新しいプロダクトやその機能あるいはサービスをいち早く利用できるようにするというものがあります。評価の結果によっては、被験者は早くプロダクトを利用したいと要求するかもしれません。このような場合には一石二鳥の効果を得られます。

プロトタイプの作成

必要なもの

- 実際に表示させる文章すべて。「あいうえお…」などの適当な文字列は一切不可
- スケッチ、ワイヤーフレーム、ストーリーボード
- たくさんのコーヒー
- もの作りの精神

「デザイナーではない参加者はどうすればよいのか」と思われたかもしれませんが、心配する必要はありません。デジタルプロダクトのプロトタイプの作成には、紙やKeynote、PowerPoint、HTML、プロトタイピングツール（InVision、Proto.io、Balsamiqなど）を使ってもかまいません。HTMLやCSS、あるいはAdobe Creative Suiteのスキルがなくても、評価可能なプロトタイプを作れます。何かを作るということによって、単なるコンセプトを超えた命がプロダクトに与えられます。そして、チーム外の人々がデザインから体験を得る最初の機会がもたらされます。デジタルプロダクトの世界では、プロトタイプを作るプロセスには最終的なプロダクト自身よりも大きな意味があるのかもしれません。これはビジネスでの事業計画を作るのにも似ています。重要なのは最終的なプロダクトではありません。計画を通じて考えるという精神面での修練が、将来に求められる洞察力を養ってくれます。

紙であれオンラインであれ、プロトタイプは実験台の役割を果たします。そこにはキーとなる機能に加えて、コンテンツや一部の主要なナビゲーションの要素が含まれます。重要な文章や画像が含まれることもあります。

誰が作業を行うべきか

社内的な練習課題として（デザインの協力会社の助けを借りずに）デザインスプリントを行っているなら、当初からの参加者がそのままプロトタイプの作成を行えばよいでしょう。有能なデザイナーに協力してもらえるなら、作業の一部を任せてもかまいません。MacMillanのAlex Britezは、自分と彼のもうひとりの仲間だけがプロトタイプを作成し、残りの参加者は日常の「通常業務」に戻っていたりインタビューの準備を行っている場合が多いといいます。一方、デザイン事務所の業務としてデザインスプリントを行っているなら、顧客とデザイン部門それぞれの主要メンバーがプロトタイプの作成に関わるべきです。少人数のチームでプロトタイプを作成するというのが理想です。人数を増やしたからといって、成果の質が上がるわけではありません。料理人が多すぎてもあまり効果は得られないのと同じです。

ここでの目標は、翌日の「テスト」フェーズで必要なものを準備することです。プロトタイプを作り、チームからフィードバックを得て最終的な合意に至ったら、これ以上手間をかける必要はありません。追加の承認などが求められる場合にはなおさらです。プロトタイプを作るのは、表現や機能について承認を得るためではありません。プロトタイプを作り始める前に、顧客や参加者そしてステークホルダーに対してこの作業のことを十分に説明しておく必要があります。将来のプロダクトでのフローやナビゲーションを定義し洗練していくことが、プロトタイプ作成での真の目的です。

これは面白みのない作業かもしれません。多くの人々は、プロダクトの方向性について判断を下しながらプロトタイプの作成と評価を行ってきたからです。Faze-1のMarc Guyはこの作業で、明らかに困った表情を浮かべていました。彼は当初、プロトタイプの作成を通じてプロダクトの方向性が決まると考えていたようです。彼のスタートアップはまだ日が浅く、このプロダクトが会社の方向性を決めてしまうという側面もありました。C. Todd LombardoはMarcの置かれた状況を知り、プロトタイプを作成するのは評価が目的だということをアドバイスしました。深刻にとらえる必要はなく、何かを学ぶためのチャンスとしてプロトタイプを作成するべきなのです。

プロトタイプの目的は検証です。

前日の振り返りと今日のための計画

この日の作業ではまず、前日に下した判断を振り返り、前日までのデザインのうちどの部分をプロトタイプで利用するかを確認します。複数のプロトタイプを作成するなら、チームを分割してそれぞれが1つずつを受け持つようにすることをお勧めします。作業と休憩というサイクルを90分単位で繰り返すような計画を立てましょう。新しいデザインのセッションを始める際には、まず全員が集まって前のセッションについて(長くても5分以内で)簡単に再検討や評価を行うこともお勧めしています。

委任と作業の分担

プロトタイプの作成にあてられる時間は1日しかないため、デザインの作業はチーム内で分担するべきです。デザインの一貫性については、あまり心配する必要はありません。午前中に重要な要素を配置し、午後に一貫したデザインパターンにもとづいてすべてをまとめるというのがよいでしょう。グループ内やグループ間でのデザインの調整を行う人を1人決めておくと、最後のまとめの作業が促進されます。この作業は体力を使うので、コーヒーや甘いスナック菓子を十分に用意しておきましょう。また、先ほどにも触れましたがインタビューのスケジュール調整や確認を行うメンバーがいてもかまいません。

スケッチが先か、モックアップが先か

「決定」フェーズを通じて、作成しようとしているものについての明確なアイデアを得られているはずです。しかし、細部については議論の余地が残されているかもしれません。「決定」フェーズの進み具合によっては、まずある程度のスケッチを定義してしまう方がよいことがあります。プロトタイプには、評価する際ユーザーに「触れて」ほしい要素すべてを含めるべきです。複数のプロトタイプを作成するなら、それぞれのプロトタイプごとにすべての要素を配置するか、それぞれのプロトタイプが一部の要素だけを含むようにするのか決めます。

ツールバーやフォントといった共通の要素については、プロトタイプの作成に先立って決めておきましょう。この種の情報については、企業ごとにブランドやスタイルのルールとして詳しく定められていることがよくあります。ルールがないという場合には、基本的なスタイルを使いましょう。ここでは、フォントや色は重要ではありません。作るのが大変なら、紙に書いたスケッチから簡単にプロトタイプが作れる専用アプリのPOPなどを使ってもかまいません。何度でも繰り返しますが、プロトタイプは我々が学びを得るためのものです。

作成

この段階では、「less is more（余計なものがないほど良い）」です。必要不可欠な部分だけに注力しましょう。顧客との間のすべての溝を埋めようとか、スケッチしているホームページやランディングページの空白を埋めようといったことを考える必要はなく、詳細は後からで構いません。必要なサイトのページを描き出すことによって、今まで行ってきたことを全員が視覚的に理解できるようになります。全員の理解を共有することは、デザインのうちどの部分が成功しどの部分に追加の作業が必要かを把握する上でも必須です。前の章でも述べましたが、デザインの最初のプロトタイプはホワイトボードや紙に描かれ、その後KeynoteやIllustratorあるいはSketchといったツールを使って詳細化されていきます。作業を複数の参加者に割り振っているなら、それぞれのデザインの間に不整合が生じることもあります。1日の最後に時間をとって、デザインを整理し一貫性のあるプロダクトをめざしましょう。

プロダクトのカギとなるページやフローを作成したら、続いて完全なプロトタイプの作成に進みます。プロダクトのうちユーザーが接する部分については、入り口（ホームページ、登録ページ、ダウンロードページなど）とその他いくつかの主要なページから作業を始めます。Webアプリでは、主な機能（ダッシュボード、プロフィールの作成と編集、ファイルのアップロードなど）のデザインも必要でしょう。詳細な点についてはプロジェクトごとに異なりますが、すべてに共通なパターンが見つかるはずです。

我々はスケッチの作成が大好きですが、デジタルプロダクトの詳細なデザインのためにはインタラクティブなプロトタイプを作るようにお勧めしています。POPはスケッチを生き生きとさせるツールとしてとても便利です。KeynoteやPowerPointも同様に優れており、他にも比較的安価なツールが多数公開されています。我々の知る限り、最も人気なのが**Keynotopia**※5です。KeynoteとPowerPointのファイル形式に対応しています。Marvel AppやProto.ioそして**Pixate**※6といったWebベースのプロトタイプ作成ツールも多数利用できます。これらはいずれも、プログラミングの知識は必要とされません。

注意点

Illustrator、Sketch、Photoshopなどの高度なデザインツール（あるいはHTMLとCSS）を「プロトタイプ」フェーズで採用する場合、使い方がわからず途方に暮れてしまうというリスクが伴います。自分がプロトタイプを2時間程度で作れてしまうような経験豊富なデザイナーではなかったり、このようなデザイナーがチーム内にいないという場合には、よりシンプルなツールをお勧めします。

コピーライターとともに作業しているなら、後で更新できるようなシンプルな文章を追加しておきましょう。「**lorem ipsum**」※7などのようなランダムな文字列を使って空白を埋めるのはお勧めできません。明確なコンテンツを用意できないということは、明確な価値を提供できないのと同義です。後で整理しなければならないゴミが残されることにもなります。評価の際に、「このコンテンツはどういう意味なのか？」といった疑問を抱かせるようなことはあってはなりません。このような疑問は、仮説の可否

※5 **Keynotopia**：KeynoteやPowerPointなどを使ってプロトタイプを作成できるUIコンポーネント。http://keynotopia.com/
※6 **Pixate**：Webベースでプロトタイプを作成するプロトタイピングツール。2016年10月をもって開発終了となった。http://www.pixate.com/
※7 **lorem ipsum**：Webサイトや広告のレイアウトを行う際、正式なコピーの代用として用いる古くから使われているダミーテキスト。http://www.lipsum.com/
※8 **POP**：ペーパープロトタイピングに特化したプロトタイプツール。現在はサービス提供の場を競合であるMarvelに移管している。http://popap.in/

を知るというプロトタイプにとっての目標からユーザーを引き離してしまいます。実際の言葉を使いましょう。必要ならコンテンツのストラテジストやコピーライターに依頼し、プロトタイプの作成中あるいは作成後に手直ししてもらいましょう。

デザイン事務所での作業では、顧客がスピードを求めることもあります。このような場合には、プロトタイプの段階で評価を行ってもらいます。フィードバックを得られたら、詳細なモックアップの作成に移行します。これを顧客に確認してもらい、修正を求められたら即座に反映させます。我々はプロジェクト管理ツールBasecampを使ってデザインをWebに公開していれば、フィードバックを受け取るまでのスピードが作業の進捗に直結します。場合によっては、スケッチからHTMLとCSSに直接移行し、さらに迅速な修正をめざしています。これはデザインのフローやコンセプトについて事前に承認を得られている場合にのみ可能です。

プロトタイプ作成ツール

仮説の正しさを評価するツールとして、最もシンプルで迅速に利用できるものを選ぶ必要があります。我々がお勧めするのは以下のツールです。

- ペーパープロトタイプ
- KeynotopiaやPowerPoint
- ストーリーボード
- 物理的な制作物
- Webベースのツール
（**POP**※8、**InVision**※9、**proto.io**※10、**Marvel**※11、**Flinto for Mac**※12、Pixateなど）
- HTMLとCSS

※9 **InVision**：デザインデータの同期方法が豊富なプロトタイピングツール。チームのメンバーとデザイン画面を共有してコメントを交わせたり、進捗状況を視覚的に管理したりといったプロジェクト管理機能を持つ。https://www.invisionapp.com/

※10 **Proto.io**：モバイル用のプロトタイプをネイティブ環境で動作させるプロトタイピングツール。https://proto.io/

※11 **Marvel App**：ブラウザ上でプロトタイプの作成を行えるプロトタイピングツール。共有URLの発行や埋め込み貼付け用コードの発行など共有機能を多く持つ。https://marvelapp.com/

※12 **Flinto for Mac**：画面遷移と細かいインタラクションを手早く確認できるプロトタイピングツール。https://www.flinto.com/

プロトタイプの例

Great Engagement

概要

カップルが結婚式の計画を立てる際、詳細な事柄（装飾、招待客、ケータリング、衣装など）に先立って式場を決める必要があります。挙式の日は新生活の始まりであり、2人はドキドキしていることでしょう。しかし、2人は挙式の準備について不安に思っているかもしれません。当サイトは緊張を抱えるカップルに対して、結婚式の計画に関わるすべての不確かさと不安を取り除くことをめざしています。当サイトと顧客の最初の接触は、挙式の準備一般と平行して行われるでしょう。

プロトタイプ

インタラクティブなWebサイト

学び

このプロトタイプを通じて、当サイトが幸せなカップルの心をどの程度とらえられるかどうかを知ろうとしました。

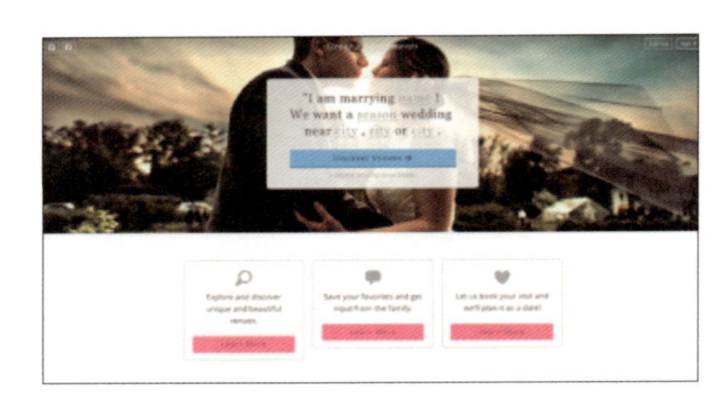

SMB Marketing Smarts

⊛ 概要

モバイルデバイスの普及に伴って、サポートフォーラムやヘルプコンテンツへ、モバイルデバイスからのアクセスに占める割合が増加したという分析結果が出ています。Constant Contactは、教育目的の豊富な資料がパッケージ化された操作しやすいモバイルアプリの開発に関心を持ちました。その中で、電話を使ってカスタマーサポートセンターに連絡するためのボタンについて検討しました。

⊛ プロトタイプ

インタラクティブなモバイルアプリ。Proto.ioを使って作成されました。主要なインタラクションについて、計8種の画面を用意しました。

⊛ 学び

ユーザーはモバイルアプリを使ってマーケティングに関するヘルプを得ようとするのか、もしするならどのような方法をとるのかを知ろうとしました。

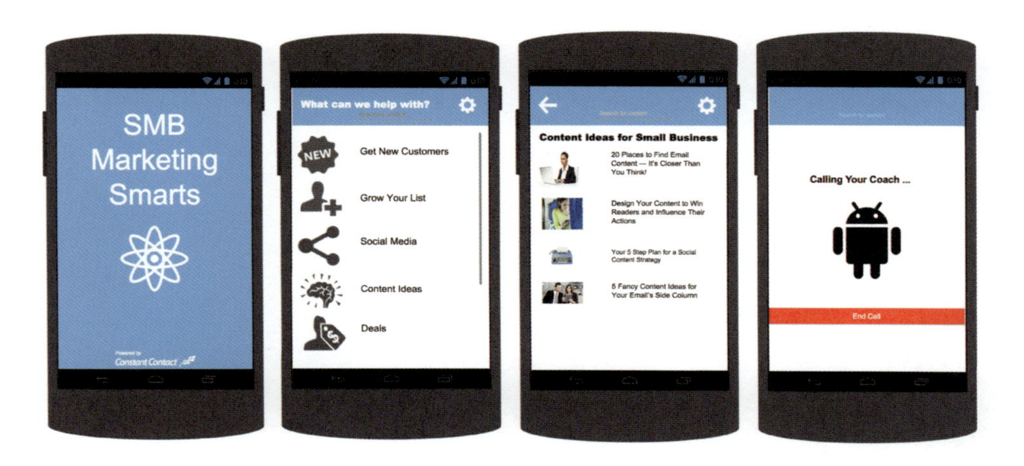

評価プランの最終決定

プロトタイプの作成作業の間に、他の参加者は評価でのインタビュー内容をまとめます。可能な限り、対面でのインタビューを行うようお勧めします。しかし、これが困難だという場合も考えられます。ユーザーがオフィスまで来るのが難しいことも、地域によってはそもそも適切なユーザーを見つけるのも難しいということもあるでしょう。このようなケースでは、後で紹介するツールを使って遠隔でインタビューを行わなければなりません。デザインでの仮説を再検討し、検証したい仮説を確認するなら今が最適のチャンスです。

仮説のリストと検証ボード

以前に、デザインスプリントは小さな科学実験のようなものだと述べました。ここでは、別の観点から仮説一覧を見直してみます。見逃している仮説はないか確認しましょう。Constant Contactでは、ここで検証ボード（validation board）と呼ばれるものを使い、デザインスプリントの最後に評価したいことを再確認します。検証の結果は得られていないため、このボードへの記入はまだ完成しません。しかし、何を評価するべきかについて明確に把握できるでしょう。仮説に優先順位を与え、どれを評価するのか決めましょう。

→ 手順

最初のスポンサーとのミーティングで、主要なステークホルダーとともにコアとなる仮説と成功の判定基準を検討し、検証ボードに記入します。デザインスプリントの開始前や「理解」フェーズの中で、この作業を行ってもかまいません。最初から完全なものではなくてもよいのですが、プロトタイプを作成するまでに内容が固まっているべきです。

1. 仮説を考えます。
2. 関連する仮説をすべて列挙します（最も重要なものから順に並べるとよいでしょう）。
3. 成功と判定する基準を定義します。
4. 検証の中で調べたい点を明らかにします。
5. 実際の検証内容を記述します。
6. 検証の完了後に、得られたデータを検討します。仮説が正しかったのか、それとも誤りだったのか確認します。それぞれの仮説を「正」か「誤」の欄に移動または転記し、結論や推奨事項をまとめます。

難易度	**中**
対象	**個人またはチーム**
用具	**検証ボード**
他の作業との関係	**スプリントの前または初期段階で開始し、最後には完了した作業全体が記述されているようにするというのもよいでしょう**
おおよその時間	**手始めとしては15分から20分（検証規模や特性によっては、より多くの時間をかけてもかまいません）**
考案者	**Javelin SoftwareのTrevor Owensが、アイデアに対する検証ボードを初めて作成しました。以降、さまざまな亜種が考えられています**

評価前の質問の作成

評価前の質問とは、ユーザーがプロトタイプとのインタラクションを始める前に質問することを指します。ここでの質問を通じて、ユーザーのふるまいや考え方、そして信念といった背景となる情報を得ます。コンテキスト調査（contextual inquiry）に似ていますが、より小規模に行います。インタビューの相手も人間であり、よい関係を持っておくべきです。ただし、相手に対してへりくだれというわけではありません。評価の際にはやや機械的に指示を行うことになるので、罪悪感を感じることがあります。人間は複雑なものです。最初に信頼関係を築ければ、望む情報を得やすくなるでしょう。

P.227で紹介したSMB Marketing Smartsでの評価前の質問の例

1. eメールのニュースレターに掲載するコンテンツは、どのようにして発見しましたか？
2. 解決されていない疑問があるということに、どの段階で気づきましたか？
3. 解決されていない疑問に答えるために、どのような方法をとりましたか？
4. 回答にたどり着くにはどの程度の時間がかかりますか？

タスクの定義

プロトタイプを評価する際には、特定のタスクを完了させるためにユーザーがどのような操作を行うかが観察されます。教科書通りのユーザビリティテストを行うわけではありませんが、ユーザーがインタラクションを行うきっかけや動機が必要です。ユーザーは具体的にどのようなことを行うのか考えましょう。デザインスプリントの前半で定義したタスクストーリーを思い出してください。

SMB Marketing Smartsでのタスクの例

作業①：あなたはニュースレターの最新号を作ろうとしています。では、このニュースレターのコンテンツのアイデアをどのようにして探しますか？

作業②：あなたはニュースレターの送信を完了しました。これをどのようにしてソーシャルメディア上で共有しますか？

評価後の質問

ユーザーがプロトタイプの評価を終えたら、まとめとしていくつかの質問を行います。この質問は、ユーザーにとって指示されたタスクがどの程度難しかったか、あるいは容易だったかを知るのに役立ちます。我々はここで質問を2つ行うよう勧めています。1つは、ユーザーにとってこのプロトタイプがどの程度必要なものなのかを尋ねる質問です。もう1つは、ユーザーにとって現在最も差し迫って必要なものを知るための質問です。

① タスク1を完了するのはどの程度難しかったですか？ タスク2やタスク3はどうですか？
② 「つまらない」を1、「今すぐにでも必要」を10とすると、このプロダクトはどこに位置するでしょうか？
③ あなたのタスクの中で、至急改善したいことは何ですか？「今すぐにでも必要」なプロダクトがあるとしたら、それはどのようなものですか？
④ 回答にたどり着くにはどの程度の時間がかかりますか？

プロトタイプができ上がり、インタビューの日程調整と準備が終わったら、いよいよアイデアが実際に試される時がやって来ます。

Takeaways

フェーズ④ 「プロトタイプ」のまとめ

- ユーザーを集め、スケジュールを調整しましょう。募集の方法としては、既存のユーザー、顧客や求人誌のほか、Amazon Mechanical TurkやUsertesting.comの利用といった選択肢があります。

- 表示には実際の文章を使い、誤字がないようにしましょう。過度に複雑な文章はユーザーを不安にさせストレスを招きます。

- プロトタイプを作成する際には、重要な仮説(価値の提供、主なユーザー体験など)を評価できるようにするという点に注力しましょう。細かい点にとらわれてはいけません。デザインの要素にどんな色を使うかといった事柄よりも、プロダクトを通じて解決しようとしている課題にユーザーが気づいてくれるかどうかのほうが評価にとっては大切です。

- 評価には、対象となるタスクの他にその前後に行う質問も含まれます。

- 仮説を最も効果的に評価できるようなシンプルなツールを利用しましょう。見た目の装飾に力を入れる必要はなく、目立つ必要もありません。ユーザーに印象を与えるのではなく、ユーザーから学ぶことをめざしましょう。

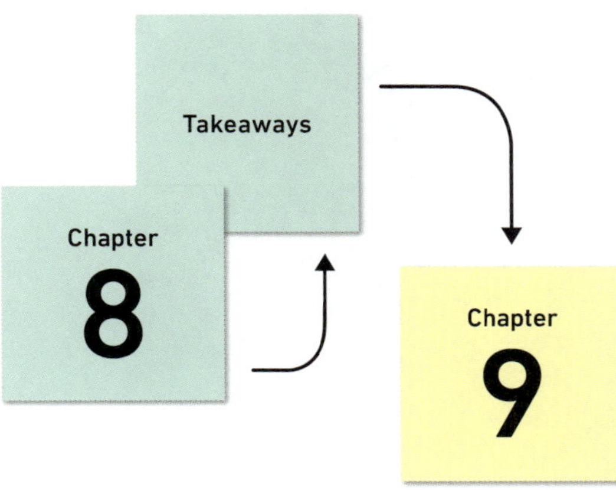

Chapter 9

フェーズ⑤ テスト

いよいよ本番です。準備はいいでしょうか。テストでユーザーは、効率よく最大のフィードバックを与えてくれます。ユーザーはプロトタイプに触れて目を見開き、微笑みが広がったり、驚きの声を漏らすといったリアクションを見せてくれるでしょう。一方、我々にとってがっかりすることがあるかもしれないのもこのフェーズです。みなさんが担当したユーザージャーニーマップが評価されるなら、ここで感情が高まることでしょうが、ここまでに多くの労力を費やしてきたので当然です。すべてがうまくいくことを願っていることと思いますが、うまくいかない場合にも備えておく必要があります。何も問題なくタスクをクリアすることもありますが、ほとんどの場合には何らかの失敗が発生します。ただし、心配する必要はありません。デザインスプリントで傷つけられた人はいません。

「テスト」フェーズで行われること

☑ **プロトタイプで評価する**	6時間以内
☑ **報告と振り返り**	1時間以内

推奨されるアジェンダ

ナイキは「Just do it.（行動あるのみ）」と言っています。我々にとっては「評価あるのみ」です。一般的な日程は以下の通りです。

9:00	**インタビュー①**
10:00	**インタビュー②**
11:00	**インタビュー③**
12:00	**手短な昼食**

午前中のインタビューで判明したうまくいかなかった点について、温厚に（あるいは、辛辣な）議論が行われます。そして問題は修正しましょう。

1:00	**インタビュー④**
2:00	**インタビュー⑤**

もしユーザー何かの理由で現れなかったとしても、文句は他人に聞こえないようにしましょう。それよりも代わりに参加してくれるリモートのユーザーを探しましょう。

3:00	**インタビュー⑥**
4:00	**報告と次のステップについての議論**

最後に、まとめと振り返りを行います。

プロトタイプの評価

「テスト」フェーズでは、試作したプロダクトが単によいものかどうか確認できればよいというわけではありません。プロトタイプは正しいものでなければなりません。ユーザーの生活をよりよいものにできず、企業にとっての大きな目標に貢献することが不可能なら、意味がありません。

対象とする少数の顧客にだけ参加してもらうことで、評価をシンプルにしましょう。ほとんどのプロダクトでは、5から7人で検証を行うのが現実的です。15人で評価を行うというケースもありましたが、1日で行えて意味のあるフィードバックを得るためにはこの人数が限界と思われます。人数を増やしても、よい結果を得られるとは限りません。7人または8人以上に増やしても新しいフィードバックを得られる保証はありません。聞き覚えのある意見が増えるだけということが多いでしょう。

グループでプロダクトの評価を行うのはお勧めできません。フォーカスグループも有用ですが、プロダクトのフローや機能を評価する場合には最善の方法ではありません。誤った考え方や特定の個人の意見が増幅されてしまうためです。過去数十年にわたって、グループでの検証は消費者向けプロダクトに対して幅広く適用されてきました。しかし、デジタルプロダクトではよい結果をもたらしていません。フォーカスグループの中ではしばしば、強い個性を持った被験者が意図せず他のメンバーに影響を与えてしまいます。このような場合、被験者は意見を変えさせられたり、いじめられたように感じたりするかもしれません。これは望ましくない状況です。グループ思考による弊害は、被験者ごとに個別に評価を行うだけで防げます。

評価環境

作成されたプロトタイプの種類に応じて評価に使われるツールも異なります。本書のデザインスプリントではデジタルプロダクトを作成しているので、対象としているデジタルデバイスは必要でしょう。プロトタイプがモバイルアプリの試作であるなら、被験者が利用できるようにそのアプリを用意しましょう。通常のケースでは、被験者と観察者それぞれのために場所を用意する必要があります。経験上、会場は部屋である必要はありません。被験者が街頭で評価を行い、その内容をオフィス内で観察するということも可能です。被験者ごとに観察者は1人にして、残りの参加者は遠くから見守ります。何人ものインタビュアーで臨んだり、部屋の中にインタビューしない観察者を何人も同席させるのは、威圧的に感じる人もいるためお勧めできません。

評価ツール

評価を成功させるためには、インタビューを受ける被験者、評価対象の物、何らかのデジタルデバイス、そして画面共有または動画共有を利用する観察者が必要です。AV機器の準備が苦手なら、誰かに手伝ってもらいましょう。

最低でも、次のようなツールが必要になるでしょう。

- 記入してもらう同意書
- ノートとペン
- 動画撮影可能なカメラ
- (あれば)カメラの三脚
- (あれば)音声レコーダー※1。音声データを書き起こしサービスに送り、インタビューの内容を文字として保存することがよくあります。後でインタビュー内容を確認したい場合に、動画を見るというのは時間がかかります
- Apple AirPlay、Skype、GoToMeeting、Google ハングアウト、Zoomなどの画面共有機能を持ったビデオ会議アプリ
- 必要に応じて、スピーカーやスピーカー機能付きの電話機。観察者が評価時の音声を聞くために利用(ビデオ会議アプリの機能にもよる)
- 評価での目的、質問事項、タスク内容を書き出したもの。インタビュアーが使用
- 仮説に対する評価の進捗を管理するためのホワイトボード。評価での目的をすべて列挙し、被験者の反応やフィードバックと突き合わせるために利用

注意

準備は絶対に後回しにしないようにしましょう。21世紀になっても、AV関連の準備は面倒でうまくいかないことばかりです。オフィスのどこかにその道のプロがきっといるので、探し出して手伝ってもらいましょう。そして検証を始める前に、必ず動作を確認してください。

現場でのエピソードを1つ紹介します。Constant Contactには Software Engineering Development Program という施策があり、1年間にわたって新卒のエンジニアを社内の複数の開発チームに順次配属させています。最後の配属先で、それぞれのエンジニアはデザインスプリントに参加します。そして評価の日にC. Todd Lombardoは彼らに「評価の準備の評価を誰としたか?」と尋ねます。するとほとんどの場合、驚いたように彼を見て「え?誰ともしてませんが……」と答えます。そこでC. Toddは、実際のユーザーで評価をする前に近くにいる参加者を集め評価の練習を行い、質問事項やタスクが適切か、AV機器の設定に不備はないか、評価の準備に問題ないかなど評価準備の評価を行うように助言します。これにより問題点が2つ見つかり、ユーザーにAV機能を利用してもらう際の不具合も解消できたこともありました。評価のための準備を検証するというのも変な話ですが、本番の検証中に問題が発生するのは愉快なことではありません。我々の過去の失敗を、繰り返さないようにしましょう。

※1 **監訳注**：最近はほとんどのスマートフォンには音声レコーダーのアプリが標準でインストールされているので、機材がない場合はそれを使うのも手です

可能なら：ユーザーを訪ねる

我々は、オフィスにこもらずに被験者の実際の生活というコンテキストの中で評価を行うのが好きです。例えばレストランやバス停で利用されるアプリを評価するなら、現地に被験者を招きましょう。手間は増えますが、それに見合ったメリットを得られます。実世界では、コンテキストが非常に重要な役割を果たします。空港から請け負ったデザインを検証する際に、フライトを予約しようとしていた被験者と一緒に飛行機に乗ったということもありました。

オフィスの外の理想的な場所で評価を行うのが難しいという場合には、観察用の部屋を用意しましょう。これには長所も短所もあります。準備はとても簡単で、フィードバックを記録するのも容易です。被験者はこの部屋で評価を行います。プロダクトを使った作業の進行は、別の部屋にあるマシンで管理されます。画面共有や動画通信の機能を利用して遠隔で評価を行えるので、この評価用の部屋はどこにあってもかまいません。大きなオフィスでタスクを行っているなら、部屋は2つ必要かもしれません。インタビューにもAirPlayやZoomを利用したことがあります。モバイル向けのプロジェクトでの評価には、Zoomが特に便利です。被験者が操作する画面と、被験者の表情をともに確認できます。いずれにしろ、評価の環境としてはシンプルなものがベストです。

よく起こること：辞退者が出た

多くのデザインスプリントで起こることですが、約束の時間に現れない被験者がいます。カレンダーの設定ミスや、急に大事な予定ができた場合などが考えられます。海外でのインタビューであればタイムゾーンの違いなどもあります（アメリカには6つのタイムゾーンがあります！）。辞退者の発生は、やむを得ないことです。前日に確認するようにすれば、被験者が忘れてしまう可能性は減ります。我々は辞退者の発生を見込んで、7、8人にインタビューを行うようにしています。そうすれば、辞退者がいても最低でも5、6人からフィードバックを得られます。

プロトタイプの使い方を指導しない

プロダクトの利用手順をユーザーに教えたいと思うことがあっても、教えてはいけません。行ってほしいタスク（新しいサービスへの登録、動画の選択、料理の注文など）を指示したら、後は被験者に自力でプロダクトを操作してもらいましょう。そして被験者が行う一連の操作を観察し、どこで悩んだり行き詰まったりしているか調べましょう。困っているようなら、「どうでしょう？」「次は何をしましょう」のような、あいまいな質問を投げかけます。被験者の考えていることがよく分からなければ、「言ってみてください」「というと？」と尋ねてみましょう。ツアーガイドにはならず、観察と記録に徹しましょう。

記録するのは評価の結果であり、被験者の人格ではないということを伝えましょう。「私たちが評価しようとしているのはこのプロダクトであり、あなた自身ではありません」のようなメッセージを通じて、被験者が思考や感情を表現しやすくしましょう[※2]。インタビューの終了後やさらに質問として応答できる場合を除いて、プロダクトや業務に関する質問に答えてはいけません。例えば、「この機能を使うと携帯電話から直接画像をアップロードできますか？」という問いに対して「できると思われますか？」と答えるのはかまいません。

言葉に現れないサインも、多くの情報を伝えてくれます。表情や雰囲気、身振りなどの変化を見逃さないようにしましょう。何かを理解できなかった場合に被験者はきまりが悪い思いを感じ、プロダクトではなく自分自身を責めようとすることがあります。このような微妙な感情の変化は言葉としては現れにくいので、顔をしかめたりそわそわしたりするといったヒントを探しましょう。人の足先が感情を豊富に表すという研究もあります[※3]。

プロトタイプを示したら、被験者に1つか2つ質問をします。ここで、プロトタイプが提供する機能によって1日がどの程度楽しくなりそうかという被験者の期待度を測ります。Sean Ellisが広めたgrowth questionの変種が役立つでしょう。thoughtbot

※2 **監訳注**：「この評価に正解、不正解はありません。」「我々のプロダクトのダメな部分を見つけてください。」といったようなメッセージも効果的です

※3 Joe Navarro『What the Feet and Legs Say About Us』（2009年11月4日）
https://www.psychologytoday.com/blog/spycatcher/200911/what-the-feet-and-legs-say-about-us

では、「ここで体験した機能が利用できなくなるとしたら、あなたはどの程度がっかりするでしょうか。0から10までの数字で教えてください」のような質問をすることがあります。被験者によっては、機嫌を損ねまいとして否定的なフィードバックをためらう可能性があるので注意が必要です。削除や改善が必要な機能を発見する際には批評が役立つということを、被験者に伝えましょう。

この質問への回答は、みなさんが望むものではないかもしれません。デザインスプリントとは、人々が望んでいるものを作れる可能性を増やすためのしくみです。否定的な回答も想定しておくべきです。たとえチームにとってお気に入りの機能について否定的なフィードバックであっても受け入れましょう。評価によってすべてが正当化されるとは限りません。

データの取りまとめ

我々は、インタビューに関するすべてのデータをまとめるためにプロジェクトマネージャーにも参加してもらうことがよくあります。データには音声、写真、動画、スクリーンショット、その他チームが観察の際に気がついた情報、集めた資料なども含まれます。通常はこのデータを被験者ごとにまとめ、機能や質問あるいはユーザーフローごとに分類することもあります。複数のプロトタイプについて評価を行う場合は、さらにそれぞれについて分類してもよいでしょう。MacMillanのAlex Britezはうまい方法を考案しました。評価中に記録された音声を書き起こし、theやand、so、isなどの一般的な語を無視してその他の語句の出現傾向を調べます。

評価のインタビュー

プロトタイプが有効かそうでないかを知るには、そのプロトタイプをユーザーの前に置いて利用してもらわなければなりません。率直で先入観のない反応をユーザーから引き出すために、開かれた心と好奇心が必要です。理由を尋ねる質問を何度もすることになるでしょう。

→ 手順

1. 評価の内容と知りたいと思っていることについて、簡単に書き出します。
2. 相手について知るための質問をいくつか行って、よい関係を築くよう試みます。被験者は感情を持った人間だということを忘れないようにしましょう。
3. 導入となる紹介の後に、評価前の質問を行います。被験者についてよりよく知るとともに、プロダクトが解決しようとしている問題に対して現在の被験者がとっているアプローチを把握します。
4. 評価内容について簡単に説明し、作業を行ってもらうよう依頼します。
5. プロダクトのしくみについて説明したくなっても我慢します。気まずい雰囲気になったとしても、沈黙を保ちましょう。
6. 作業が完了したら、評価後の質問を行います。
7. 被験者に感謝し、名刺か連絡先の情報を求めます。後でお礼の連絡をします。

難易度	高
対象	ペアで行うのが望ましい
用具	ビデオカメラ、録音機、メモ用紙とペン、カメラ、トピックマップ、プロトタイプを表現するためのデバイス
他の作業との関係	評価ボードとプロトタイプが完成している必要があります
禁止事項	プロダクトのしくみを被験者に伝えること。被験者が理解できなかったとしたら、それはデザインが誤っていることを示します。被験者1人につきインタビュアーを2人割り当てるとよいでしょう
おおよその時間	30分以内（長くなることもあります）
考案者	評価のインタビューは長年にわたって行われてきています。正直に言うなら、考案者は不詳です

報告と振り返り

デザインスプリントから得られる成果は、「成功」「失敗」「成功と失敗の中間」の3つに分類できます。評価の結果についても、どれに当てはまるか明確に判定できます。うまく使えたと感じたユーザーも、まったく使えなかったユーザーもいるでしょう。ここでの注意点は、自分の主張に沿った意見だけをえり好みしてはならないということです。確証バイアス（P.122参照）は至るところで見られます。また、評価では完全に白か黒かの答えが返されるわけではありません。そのため、我々は事前に仮説の作業を行ったのです。

期待通りに機能した場合

デザインスプリントが完全に機能し、すべての仮説が正しいとされることは稀です。もしそうなら、「仮説は十分に検討したか?」そして「課題について十分に深く調査したか?」と自問しましょう。答えがyesなら、それはすばらしいことです。めったに得られない大成功を祝いましょう。詳細度にもよりますが、ここまでに作成してきたプロトタイプをプロダクト作成の手始めとして利用できるでしょう。

thoughtbotのチームがGreat Engagementsのプロトタイプ(P.226参照)で最も評価したかった仮説は、「このWebサイトが魅力的で興味深く、感動を呼ぶ体験を提供し、画像やストーリーや上質な情報を通じてカップルが結婚式を想像できるか」という点でした。そこで、顧客をプロダクトに引き込めたかどうか、そしてプランニングやコミュニケーションのツールあるいは関与を深めた顧客へのプレミアムサービスなどをうまく紹介できたかどうかについて評価を行いました。競合サービスの分析の結果、感動的で高級志向の体験が市場での差別化要因になることがわかりました。

クライアントは3名の被験者を提供してくれました。二人はオンラインで行い、もう一人は対面でインタビューを行いました。そのうちの一人はつい最近、結婚したばかりでした。プロジェクトの経緯や被験者の意向などもあり得られた情報は限られていましたが、結婚式の計画を立てるためのすばらしいツールへとつながるような重要な知見を得られました。The Knot、Wedding Wire、Offbeat Brideといった競合する結婚式関連サイトのユーザーは、webサイトのわかりにくさ(情報の乱雑さあるいは過多)を訴えていました。そして、ウエディングドレスやケーキなどを見てばかりでした。

Great Engagementsのプロトタイプを提示[※4]されたユーザーは、穴埋めゲームのような機能や目を引く大きな画像に深い関与を示しました。これらはチームによって作成されたものです。そして被験者はすぐに、このWebサイトが式場探しのためのものだということを理解できました。彼らにとっての第一印象は興奮やひらめきであり、主要な仮説としてチームで追求していた点と一致しました。式場探しに熱中やひらめきをもたらすような高級志向を追求し、収益を生んでいくために必要なデータを評価から得られました。

※4 http://greatengagements.herokuapp.com/で公開されている

期待通りには機能しなかった場合

ユーザーはしばしば期待に反するふるまいを見せるため、驚かされることもよくあります。これは異常なことではなく、取り乱す必要はありません。ほとんどのことがうまくいく場合もありますが、提案した解決策の一部あるいは全部が誤りだとわかることもあります。このような場合には、改善の作業を繰り返し行います。これは悪いことではありません。改善は成功につながります。Keith Hooperは、すべてを失敗させるという意図の下にデザインスプリントを行ったことがあります。製薬やバイオテクノロジーの業界では、失敗するなら早期に失敗したほうが低コストだとされています。例えば医薬品の開発について考えてみましょう。研究所でアイデアが生まれてから実際に薬局の棚に並ぶまでの間に、平均して12年の歳月と3億5,000万ドル（約365億円）のコストが必要とされています[※5]。開発の第1段階では臨床試験のコストが平均1,860万ドル（約20億円）であるのに対して、第2段階では2,880万ドル（約30億円）、第3段階では1億580万ドル（約110億円）にも上ります[※6]。臨床試験以前あるいは第0段階でのコストはここには含まれていません。失敗は早期であればあるほど、無駄になる金額が減少します。デジタルプロダクトでは製薬ほどの厳格なアプローチは用いられませんが、初期段階での失敗が（時間と資金の両面で）低コストだという点は共通です。みなさんはAirtimeを覚えているでしょうか。我々も忘れてしまいましたが、誰も使わないプロダクトのために3,300万ドル（約34億円）もの大金が浪費されたそうです[※7]。

8章で紹介したSMB Marketing Smartsのデザインスプリントでは、得られた結果は望ましくないものでした。被験者の誰もが、携帯電話やタブレット上のアプリでeメールマーケティングやデジタルマーケティングのヘルプを受けようとは思っていませんでした。Googleで検索すれば（主にconstantcontact.comの）ページにアクセスでき、探していた答えを得られるという状況では、ヘルプだけのためにアプリをダウンロードするという行動は被験者のメンタルモデルには含まれていませんでした。しかし、これはわずか4日間の活動の成果にすぎません。このアプリを実際に開発してストアで公開した後でようやく、数人しかダウンロードや利用がないことに気づいたとしたらどうでしょう。これははるかに悪い事態です。デザインスプリントは解決策を探すプロセスであり、資金や人員が追加されていく前に課題が発見されたことを喜ぶべきです。

※5 『New Drug Approval Process』http://www.drugs.com/fda-approval-process.html

※6 Erica Westly『The Price of Winning FDA Approval』（Fast Company、December/January 2010年）
http://www.fastcompany.com/1460583/price-winning-fda-approval

※7 Nicholas Carlson『Absurdly Hyped Startup Airtime Has Officially Flopped and Top Execs are Fleein』（2012年10月2日）
http://www.businessinsider.com/absurdly-hyped-startup-airtime-has-officially-flopped-and-top-execs-are-fleeing-2012-10

疑問点が残っている場合

疑問点が残るというのが、最もよくあるケースです。ここでは、うまく機能したものとそうでなかったものが混在しています。どれがどのような理由で成功あるいは失敗したのかを理解する必要があります。この話題については、10章で詳しく検討します。

以前に紹介したFaze1の例では、デザインスプリントの後でプロダクトの開発が中止されました。このデザインスプリントの結果も、疑問点が残るというカテゴリーに当てはまります。初期段階のフィードバックでは、プロダクトは不便な点を解決しているという評価を得られていました。しかし、解決策は完全に適切なものではありませんでした。チームのメンバーが冷静にフィードバックを検討したところ、追求しようとしていたビジネスモデルに問題があり、当初に期待していた成果は得られないだろうということがわかりました。そこで彼らはプロダクトの開発を中止し、より多くの時間を顧客とのコミュニケーションに費やすようにしました。その結果、はるかに多くの利益をもたらすようなビジネスモデルを再構築できました。

もう1つの例はthoughtbotでのものです。あるデザインスプリントでは、顧客からのアイデアのうち3分の2が否定されてしまいました。プロトタイプでは、ユーザーと他のユーザーがどの程度似ているかを表す指標の値が表示されていました。インタビューの結果、ユーザーは他人のデータに興味がないということがわかりました。しかし、過去の自身がとった行動との比較には大きな価値があるようです。そこでプロトタイプを改良し、指標として表示される値を変更しました。するとユーザーはより多くの興味を示し、10段階での評価を求めた質問への回答も高いポイントになりました。

誰も望んでいないものを作っているほど、
人生は長くない。

— Ash Maurya
『Running Lean』著者

フェーズ⑤ 「テスト」のまとめ

- 最低でも5人、できれば8人を評価に招きましょう。常にキャンセルを見込んでおきましょう。
- グループではなく、被験者1人1人に対して個別に評価を行いましょう。
- 被験者を観察し、メモをとりましょう。可能なら録音も行いましょう。
- 次に行うべき操作がわからない被験者には、教えるのではなく質問しましょう。
- わかりやすい言葉を使いましょう。
- 最後に、ユーザーの望んでいるものを作っているか推し量る質問をしましょう。
- 評価結果は期待に反するものかもしれません。

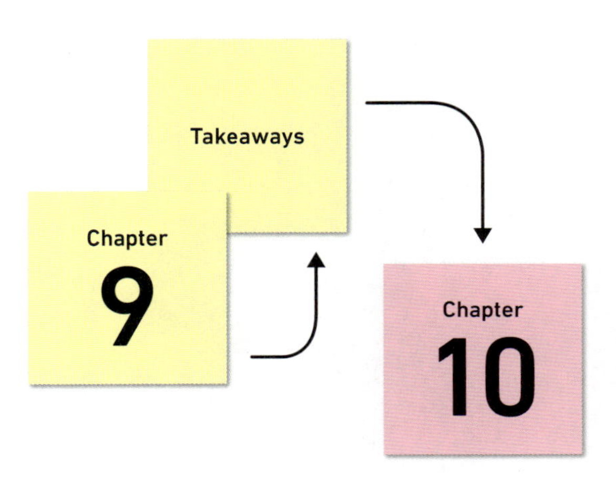

Chapter

10

デザインスプリント終了後：

記録、反復、そして継続

お疲れさまでした。これでデザインスプリントは完了です。次に何をするべきかという質問への答えは、ユーザーとのインタビューの中でどの程度の評価を得られたかによります。デザインスプリント全体を振り返り、どこがうまくいき、どこが失敗したかを確認し、プロジェクトを前進させるにはどうすればよいかを検討しましょう。プロジェクト自身だけではなく、デザインスプリント全体についても考えてみましょう。何度も繰り返しますが、デザインスプリントは柔軟な枠組みであり、ニーズに合わせて作り替えてもかまいません。3章で紹介したように、何通りものやり方で各自の制約条件に沿って変更が可能です。もしすでに変更していたなら、その変更はうまくいったでしょうか。デザインスプリントをよりよくするためには、何を変化させればよいでしょうか。

デザインスプリントをまとめたドキュメントは、プロジェクトや組織ごとに大きく異なります。60ページ以上に及ぶ詳細なドキュメントが作られたことも、概要を1ページだけで示したこともありました。組織やチームでの要件に応じて、スタイルや構造を変えてもかまいません。作成されたプロトタイプをまとめ資料にすることも可能ですが、プロトタイプが1週間の作業のすべてを表しているわけではありません。我々は壁やホワイトボードそしてポストイットの写真を撮り、まとめのレポートとして利用しています。本書でもそのまとめ方を紹介しましょう。

これから行なうこと

- ☑ **記録とドキュメントの作成**
- ☑ **次のステップを決定する**
- ☑ **実践の継続**

記録とドキュメントの作成

コンサルティング会社でも企業内のプロダクトチームでも、まとめのドキュメントを作成することはデザインスプリントにとって有益な作業です。チームの新メンバーがプロジェクトの活動内容を把握する際に活用できるほか、保存用の記録としても役立つでしょう。過去に行われた意思決定の理由を思い出させてくれることもよくあります。

我々も利用しているドキュメントの形式を3つ紹介します。読者のみなさんのデザインスプリントでも同じような形式が利用できるでしょう。

例①

概要	- はじめに
主な前提	- 得られた知識 - 推奨事項
手法	- 調査 - 仮定 - 知見 - 考案 - プロトタイプ
成果	
結論と推奨事項	
付録	

例②

概要	
理解	
発散	
決定	
プロトタイプ	
テスト	
まとめ	
付録	- 前提項目のリスト - アイデアの蓄積リスト - スケッチ

例③

- **出発点**
- **到達点**
- **得られた知識**
- **次の目的地**

デザイン事務所での場合

それぞれの日の活動内容を撮影した写真も含めて、記録としてのドキュメントを作成します。ホワイトボードやポストイットへの記入や議論のメモなど、作成されたものはすべて記録します。写真アルバムのような体裁で、写真と説明文を左右に並べてレイアウトします。この説明文は、成果物の意味を明らかにする際にも役立ちます。話し合いの時に残った疑問を記録しておいたり知識の足りなさを明らかにしたりして、今後の調査に解決を委ねることもあります。

2回程度の記録とドキュメントの作成のセッションの後に、プロジェクトチームは集合して最終報告と作業範囲に関する議論を行います。通常約1時間をかけて、作業範囲やスケジュール、そして予算を明確化します。そしてプロジェクトマネージャーはSOW（statement of work：作業範囲記述書）とMSA（master services agreement：基本業務委託契約書）を作成し、顧客に提出して承認を求めます。承認されると、SOWはプロダクトのデザインと開発を開始するための契約書として機能します。

組織内のプロダクトチームでの場合

デザインスプリントによって、プロダクトが進むべき方向について顧客から承認が得られれば、チームとして次に行わなければならないことも明らかになります。デザインスプリントで明らかになった方向性がプロダクトのワークフローに取り入れられたり、新たなロードマップが定義されたりすることがよくあります。さらにConstant Contactのチームでは、ジャンプスタートと呼ばれるしくみを活用しています。ここではリーンスタートアップが持つ構築〜計測〜学習の特質が活用され、プロダクトの機能や体験の向上をめざします。このアプローチでは仮説が重視され、漸進的なデザインのプロセスが繰り返されます。それぞれのジャンプスタートは1週間にわたって行われますが、デザインスプリントほど集中的なものではありません。プロトタイプは仮説の検証に使われることも、そうでないこともあります。何を学ぶ必要があるかによって使い分けられます。明確さを増すことに貢献できるなら、マーケットの調査や価格調査、あるいは競合他者の分析など、何でもかまいません。

☑ 次のステップを決定する

デザインスプリントはすべての問いに答えてくれるわけではありません。完全なロードマップを示してくれるわけでもありません。しかし、先に進むための強力な土台を提供してくれます。デザインスプリントは、プロダクトの課題を解決するための方法論として誕生しました。したがって、無数のデザインスプリントが行われ無数のプロトタイプが作られてきました。デザインスプリントによってプロダクトの成功が約束されるということはありませんが、貧弱なアイデアが淘汰されることは保証できます。検証を通じてデザインの裏付けを得られたなら、デザインと開発のロードマップを自信を持って作ることができるでしょう。

以前にも述べたように、デザインスプリントとは水泳のスプリングボード（飛び板）のように物事を加速させるものです。デザインスプリントで一歩を踏み出すことでチームにとっての学びとプロダクトの方向性の意志統一を後押ししてくれます。

実践の継続

通常のワークフローの一部としてデザインスプリントを組み込むことはよい結果をもたらします。困難が伴うこともありますが、より質の高いプロダクトや機能、そしてユーザー体験を市場に提供することができます。

デザインスプリントの習慣化

アジャイルの実践に苦心しているデザイナーもいるでしょう。しかし、この方法論にもとづいた継続的発見あるいは継続的デザインを行うためには、組織全体でアジャイルの考え方を採用するべきです。武道での型のように、全員が揃って同じプロセスを継続的に繰り返すほうが容易だからです。この継続的なアプローチを組織に適用するということは、「**守破離**」[※1]の概念に例えることができます。「守破離」は日本の文化を起源としており、技能を極めるための3つの段階を表しています。そして今日では、この考え方が学問一般へと抽象化され適用されています。Martin FowlerやAlistair Cockburnをはじめとする多くの人々が、アジャイルな組織への「守破離」の適用について述べています。

Fowlerは「守破離」を次のように定義しています。

守

初期の段階であり、弟子は師匠の教えを忠実に守ります。背後の理論について考慮する必要はあまりなく、与えられた作業をこなすことに集中します。作業の方法が複数あるとしても、師匠から教えられた1つの方法に専念します。

※1 **守破離**：日本の武道や茶道などにおける師弟関係の三段階のあり方。まず師の教え、型や技を忠実に「守り」、次に他の流派や教えを学び型を「破り」、最後に独自の新しいものを生み出し「離れ」ていく姿

⊖ 破

この段階で、弟子の進む道は分岐します。基本的な実践を踏まえて、技能の背後にある原則や理論についても学び取り始めます。他の師匠から学び、その成果を自身の実践に取り込み始めるのもこの段階です。

⊖ 離

この段階では、弟子はもはや他人から学ぶのではなく、自らの実践を元に学習を深めていきます。独自の手法を定義し、学んだことを個々の環境に適用できます。

この考え方を組織にも当てはめてみましょう。「守」の段階では、組織は定義済みのプロセスを固持しながら学習します。そこでの方法論を分離して考えられるようになったら、「破」の段階に到達です。そして年月をかけて独自の方法論を生み出し、個々の組織での要件に適合させることができたら、それは「離」の段階です。ここでの方法論はもはやフレームワークやプロセスではなく、定着した企業文化の一部です。組織にデザインスプリントを取り入れる際には、「守破離」というレンズを通して取り入れ方の道のりを俯瞰してみるとよいでしょう。個々のデザインスプリントは短期間で完了しますが、組織全体への浸透には長い時間がかかります。C. Todd LombardoがConstant Contactでの幅広い分野でのデザインスプリントの採用を実現する際にも、2年にわたる月日と数十回のデザインスプリントが必要でした。組織全体のすべての活動にデザインスプリントを統合できるようになるには、さらに長い期間がかかるでしょう。事情は組織ごとに異なりますが、いずれにせよ継続することが大切です。

すべては読者のみなさん次第です

本書を通じて、筆者らは読者のみなさんのチームでデザインスプリントを行う方法について、確かな知識を提供するよう努めました。何度も言いますが、デザインスプリントはとても柔軟なプロセスです。規範となるような手順の紹介を心がけましたが、我々自身もこの規範から離れたデザインスプリントを行ったことがあります。そして、我々はさまざまなデザインスプリントの実践方法を試し、進化させています。読者のみなさんにも、自分用に進化させることをお勧めします。また、我々は仲間から事例を集め、組織ごとに異なる制約の下でどのような手法がとられたかについて情報共有しています。どのようなデザインスプリントにしろ「仮定から始まり顧客からの検証で終わる、高揚感を呼ぶような時間制限つきのデザインのサイクル」というのが基本的な理念です。

まとめ

- デザインスプリントの最後に、仮定や知見について全員で再検討しましょう。
- 何らかの形で記録用のドキュメントを作成し、仲間や顧客と共有できるようにしましょう。
- 多くのことがうまくいったなら、次はプロダクトやサービスを実際に開発するためにプロトタイプの調整と開発の準備を行います。
- 一部は成功したが、疑問点がいくつか残るという場合には、再度小規模なデザインスプリントを繰り返して課題の解決を図りましょう。
- 完全な失敗に終わってしまったら、最初からやり直しです。もう一度最初からデザインスプリントを行う必要があるかもしれません。

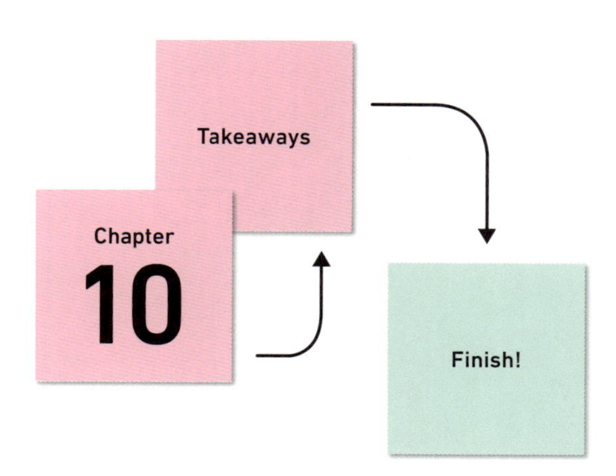

[画像クレジット]

010	Ethan Bagley
012-013	Alok Jain
030-031	Katherine Taylor
032	C. Todd Lombardo
044-045	Dan Ramsden
004	Alok Jain
054-055	Ethan Bagley
056	Dan Ramsden
070-071	C. Todd Lombardo
076	Katherine Taylor
091	Ethan Bagley
100-101	Jez Sherwin
115	Trace Wax
117	Alok Jain
139	C. Todd Lombardo
144-145	Fresh Tilled Soil
147	Jill Starett
150-151	Richard Banfield
161	C. Todd Lombardo
168-169	Alok Jain
171	Thoughtbot
173	Alok Jain
175	C. Todd Lombardo
181	C. Todd Lombardo
182	Katherine Taylor
184-185	Ethan Bagley
199	C. Todd Lombardo
203	Katherine Taylor
210	Alok Jain
226	Great Engagements
227	Constant Contact
250-251	Ethan Bagley
252	Katherine Taylor

監訳者あとがき

デザインスプリントのコツ

安藤 幸央

[はじめに]

デザインスプリントの良さは、締め切りと、個人作業にあると考えています。
夏休みの宿題のように、締め切りが設定されることで、最大限力を発揮することができます。締め切りが無いと、脳みそはエネルギーを温存し、できるだけ長く活動しようとしますが、締め切りが設定されることで、脳みそがエネルギーを使い切っても良いと勘違いするそうです。また、共同作業の良さが強調されがちですが、デザインスプリントでは、他の影響を受けずに一人で考える時間を大切にしています。一人でじっくりと考え、物事に取り組んでこそ、皆で相談した時に発想が広がるのです。

このあとがきでは、日本文化のもとでデザインスプリントを実施した際、気にかけた方がうまくいくコツをいくつか紹介します。

[心構え編]

保守的な大企業で、普段手堅いことを考えている人達ほど、突拍子も無い実現不可能なアイデアを考えてしまったり、本来自由奔放なスタートアップこそ、手堅いアイデアで自分に制限をかけてしまう例を幾つか見てきました。始めからアイデアにブレーキをかけるのは良くありませんが、実現不可能なアイデアほど残念なものはありません。最初からなんらかの制限や決まりがあった方がクリエイティビティが発揮される場合が多いと考えています。

顔見知り同士だとしても、最初にアイスブレイクをするのは大変有効です。アイスブレイクには単なる自己紹介ではなく、お題を用意してデザインスプリントのテーマに合った話題を紹介をしてもらうと効果的です。またその際、チーム全体で5分という制限時間をもうけ、5分という時間がどれくらいなのかを初めに実感してもらうと、その後の作業にも時間的緊張感が生まれます。

デザインスプリント中に音楽を流しながらリラックスするのも良いのですが、音楽には個人個人好みがあり、好みでない音楽を聴くほど苦痛なことはありません。歌詞に気がとらわれないようボーカルが無い音楽や、高揚感が得られつつあたりさわりのない音楽を、臨機応変に用いましょう。

[道具編]

日本では素晴らしい文房具が安価に入手できます。デザインプリントでも多いに活用しましょう。
本書の中でもひととおり紹介されていますが、使ってみて特に有用だったものをいくつか紹介します。

⊖ 黒色のマスキングテープ(1P basic マットブラック)

かんたんに壁に貼ったり、剥がしたりできます。
http://www.masking-tape.jp/lineup/mt/1p-basic/

⊖ ひっつき虫

接着跡を残さず、貼ったり剥がしたりできます。
http://www.kokuyo-st.co.jp/stationery/hittsuki/

⊖ 3M純正の強粘着ポストイット

ディスカッション中にポロポロ剥がれると集中がそがれるので、強粘着がオススメ。
http://www.mmm.co.jp/office/post_it/list12/index.html

⊖ 紙用マッキー／極細

紙に書いた時も裏写りしないので安心して描けます。
http://www.zebra.co.jp/pro/paper-mackee/

⊖ 投票用のシール

スマイリーなど遊び心を持ったものを。ポストイットと異なる色を用意しましょう。

⊖ Story Cubes

元はストーリーが描かれた6面のサイコロで、サイコロを振って出たアイコンを使ってストーリーを作って遊ぶものです。アイデアに詰まった時に助けになります。
http://www.rorysstorycubes-japan.com/

ペンなんて何でも良いと思われるかもしれません。けれど、ボールペンやシャープペンシルなど、細いペンだとどうしても時間をかけて丁寧に書いてしまうため、太めのペンを配布して、意図的にラフに書いてもらうのが重要です。ポストイットの数は、余るくらいに充分な数を用意しましょう。数がギリギリ足りるくらいだと、もったいなく思って温存して書くのを躊躇してしまうことがあります。

[デザインスプリントのコツ編]

誰もがすらすら描いたり、考えをまとめたりすることに慣れているとは限りません。短時間でも良いので事前に、もしくは合間に練習する時間をもうけます。簡易的にスケッチを描いてみたり、見慣れた定番スマホアプリのペーパープロトタイプを描いてみたり、ちょっとしたサンプルと、その真似をするだけで、その後全員が高いレベルで作業できるようになります。何かに行き詰まった場合、以下のような点で考えると打開策が生まれます。

- 質より量。分けたり、融合させたり、増やしたり、減らしたり、アイデアを数多く出すこと
- 強み、弱みを把握し、それらを伸ばす／減らすこと
- ものごとを細かく分解して考えること
- 情報を整理し、その見せ方を設計すること
- 将来を考えるには過去を振り返って、過去と現在の差分から未来を考えること
- 直接的競合だけでなく、他業種の良い事例を参考にすること

デザインスプリントを実施することで、チームが結束するという相乗効果もあります。また一人で作業しなければいけない場合も、パーソナルデザインスプリントと呼ばれる一人で何人分かの役割を切り替えることで、なんとか実施する方法もあります。

デザインスプリントを実施する際、いつも心に留めている言葉があります。

―― 人間の欲望を捉えるのだ
Evan Williams

―― 悪いアイデアなど無い
Tina Seelig

そういった心構えで、デザインスプリントをおおいに楽しんで、すばらしいサービスやプロダクトを生み出して下さい！

2016年11月

デザインスプリントの今

佐藤 伸哉

[スプリントマスター]

本書の監訳を行った二名は、幸運にもGoogle Inc.がマウンテンビュー本社で2015年に行ったGoogle Sprint Master Academyに参加し、数ヶ月間の実地プログラムを終え、無事にアカデミーを修了した数少ないGoogle認定のデザインスプリントマスターです。

スプリントマスターの役目はスプリントに参加して一緒にアイデアや解決策を出すのではなく、一歩引いてファシリテーター（4章参照）として、課題や方向性の整理、アイデア創出の進み具合やチームの意識合わせを調整を行い、チームが問題に挑戦し、解決策まで滞りなくたどり着けるようにする先導役を果すことにあります。故にさまざまな知識と経験が求められます。

スプリントマスターとして、さまざまな方々とデザインスプリントを行ってきた中で、デザインスプリントが成功するパターンと失敗するパターンがいくつかあるので、この監訳者あとがきでそれを紹介したいと思います。もちろん、大前提としてスプリントマスターの経験値と手腕に大きく依存するので、本書の第4章にもある通り、慣れないうちは外部の経験者に委ねてみる事も成功への近道といえます。

[デザインスプリントに成功するパターン]

組織の規模に関わらず課題に対する意識があり、意見を激しくぶつけ合い、他人の意見を受け入れるチーム、ユーザー視線で課題に取り組むチーム、小さな改善からでも取り組もうとしているチーム、素直に評価を反映するチームほど、成果が出やすい傾向にあります。いずれの場合でもデザインスプリントに本気（ガチ）で取り組んでいる愚直なチームや組織ほど、スポンサーや事業責任者の巻き込みもうまく、目に見える形で成果を出しています。

[残念ながらデザインスプリントに失敗するパターン]

明らかに失敗するパターンとして典型的なのは、自己否定が出来ない参加者がプロジェクト全体を通して意見を通してしまうパターンです。アイデアの収束を投票ではなくブレインストーミングやチームディスカッションに委ねてしまうチームは、声の大きい（権限が強い）人に左右されてしまい、新しい発見や未知の可能性を採用する事は少ないです。既存の仮説や事象ベースでアイデアを整理してしまうチームは、なんとなくコンセプトはまとまるが結果が普段と変わらない……というパターンが多いように感じます（良くも悪くも「意識高い系」の参加者がそろっている場合がこのパターンです）。また、目的が無くなんとなく新しい手法を導入してみたい、体験してみたい、という気持ちでデザインスプリントを行っているチームは総じて、その後につながらないことが散見されます。学習目的のセミナー形式や、プロセス体験目的のワークショップ形式では、デザインスプリント本来の価値、つまり『実際の課題に対して解決策を考えプロトタイプを作り、対象者からの意見を拾う』という部分を肌で体感することができず、プロセスは体験してはみたものの結局普段のやり方と何が違うのか理解できないまま独自のやり方で進めた結果、結果的に普段と変わらないという事も多く見ました。『プロセスを信じろ』という有名な言葉がありますが、参加者がプロセスに否定的、閉鎖的な場合は、まずもって成功しません。

[デザインスプリントの進化]

本家であるGVのデザインスプリントのフレームワークも常に改善されており、最近では5日間から4日間のプログラムに改変されていたり、Google本体で行っているデザインスプリントではさらに短く最短で数時間のプログラムへと進化させています。

みなさんの中には、デザインスプリントのセミナーやワークショップに参加した経験がある方もいると思いますが、この学びを持ち帰って実際の業務で実践してみても思うように成果が出ず、なんとなくそのままで今この本を手にとっている、という方も多いことでしょう。これは前述したようにデザインスプリントはプロセスの「体験」が目的ではなく、必要最低限の形でもいいので最終プロダクトを想定したプロトタイプを作り上げ、対象となるユーザーからのリアルな「評価を得る」ために行うためで、プロセスを知ることはだけでは評価（結果）が得られないからです。

そういった混乱も踏まえ、現在のGoogleが考えるデザインスプリントでは、目的にあわせて3つのフレームワークが存在します。

- アイデア出しからプロトタイプまでを2時間半から半日の短時間で行う「スピードラボ」
- セミナー形式で開発や課題解決よりもプロセス体験を目的に行う「ワークショップ」
- 5つのフェーズをすべて行う、本来の「デザインスプリント」(デザインスプリントそのものとの誤解を減らす意味で「スプリントウィーク」という言う場合もあります)

特に「ワークショップ」と「デザインスプリント(スプリントウィーク)」は目的がまったく違うので、そこは参加者に誤解や間違った期待値をもたせないように注意が必要です。失敗しないためにも皆さんが実際にデザインスプリントを行う場合は目的をしっかりと念頭においた上で、適切なデザインスプリントを計画してください。なお、本書の第3章でも「デザインスタジオ」という1日でデザインスプリント的なものを行った体験なども紹介されているので、気になる方は参考にしてみてください。

[最後に]

慣れないうちは本書で提示されている進め方通りに進めた方が効率がよく、間違いがないと思われますが、慣れてきたら本書の4章や10章にもあるように組織の事情や参加者の特性に合わせて、デザインスプリントもどんどん進化させていくべきです。その時大事なのは、参加する参加者個々人が立場の違いや既存の仮説にとらわれず、アイデアの拡散と収束を繰り返し、平等に議論・批判する権利を持ち、全員一致で目的とするプロダクトのプロトタイプを作り上げる、という目的を忘れないことです。

Sprint has come!
さぁ、アイデア出しを楽しみましょう!

2016年11月

索引

記号・数字

アルファベット

あ行

か行

さ行

た行

な〜は行

ま～わ行

著者紹介

Richard Banfield リチャード・ベンフィールド

ボストンに本拠を置く、UXエージェンシーFresh Tilled SoilのCEO兼共同創業者。オフィスではUX戦略家として活動する。アフリカ最大のテレビ局兼インターネットメディア企業MultiChoiceでのオンライン広告販売を皮切りに、Webマーケティングでの食物連鎖をさかのぼってさまざまな業務に従事する。向こう見ずだったドットコム時代の真っ最中に、ロンドンで国際eマーケティング企業Accelarationを創業。ホワイトボードが大好きである。

C. Todd Lombardo C. トッド・ロンバード

超専門化社会の中で、各分野の交点に立って我々を取り巻くつながりを見いだす。Constant ContactのInnoLoftでイノベーションアーキテクトとして、多くのスタートアップ企業や社内のチームとともにデザインスプリントを行いプロダクトやサービスを生み出す。マドリードで高い評価を得ているIE Business Schoolで非常勤講師を務め、創造性やイノベーション、デザイン思考、コミュニケーションについて講義を行う。

Trace Wax トレース・ワックス

MicrosoftやNuanceなどでユーザーエクスペリエンスデザインや基礎研究に携わった後、Pivotal Labsに開発者として従事。現在はthoughtbotの取締役社長を務める。多数のデザインスプリントを主宰し、thoughtbotのdesign sprint methodology repositoryで執筆とメンテナンスを行う。リーンとアジャイルの方法論を大企業にも小さなスタートアップ企業にももたらし、チームが選択と集中を行って生産的かつハッピーになれるよう手助けしている。

監訳者紹介

安藤 幸央 あんどう ゆきお

@yukio_andoh

1970年北海道生まれ。株式会社エクサ コンサルティング推進部所属。OpenGLをはじめとする3次元コンピューターグラフィックス、ユーザーエクスペリエンスデザインが専門。ウェブから情報家電、スマートフォンアプリ、VRシステム、巨大立体視ドームシアター、デジタルサイネージ、メディアアートまで、多岐にわたった仕事を手がける。『UX戦略』では監訳を、『UnityによるVRアプリケーション開発 —— 作りながら学ぶバーチャルリアリティ入門』では翻訳を担当した（ともにオライリー・ジャパン）。Google認定デザインスプリントマスター。

佐藤 伸哉 さとう のぶや

@nobsato

株式会社シークレットラボ 代表取締役 / エクスペリエンスデザイナー。大手企業のプラットフォーム戦略やデジタル事業の戦略アドバイス、プロダクト開発のデザイン支援などを行っている。HCD-Net認定人間中心設計専門家、LEGO® SERIOUS PLAY®メソッドと教材活用トレーニング修了認定ファシリテータ、Google Developers Launchpad メンター、及びGoogle認定デザインスプリントマスター。
https://www.secret-lab.co.jp/

訳者紹介

牧野 聡 まきの さとし

ソフトウェアエンジニア。日本アイ・ビー・エム ソフトウェア開発研究所勤務。主な訳書に『実践JUnit —— 達人プログラマーのユニットテスト技法』『CSS3 開発者ガイド 第2版 —— モダンWebデザインのスタイル設計』『CSSシークレット —— 47のテクニックでCSSを自在に操る』（おもにオライリー・ジャパン）。

デザインスプリント
――プロダクトを成功に導く短期集中実践ガイド

2016年11月25日　初版第1刷発行
2019年　8月26日　初版第3刷発行

著者　Richard Banfield　リチャード・ベンフィールド
　　　C. Todd Lombardo　C.トッド・ロンバード
　　　Trace Wax　トレース・ワックス

監訳者　安藤 幸央　あんどう ゆきお
　　　　佐藤 伸哉　さとう のぶや

訳者　牧野 聡　まきの さとし

発行人　ティム・オライリー

アートディレクション　waonica

デザイン　nebula

印刷・製本　日経印刷株式会社

発行所　株式会社オライリー・ジャパン
〒160-0002　東京都新宿区四谷坂町12番22号
Tel：(03) 3356-5227　Fax：(03) 3356-5263
電子メール：japan@oreilly.co.jp

発売元　株式会社オーム社
〒101-8460　東京都千代田区神田錦町3-1
Tel：(03) 3233-0641(代表)　Fax：(03) 3233-3440

Printed in Japan (ISBN978-4-87311-780-5)